ヤマケイ文庫

植物のプロが伝える

おもしろくてためになる
植物観察の事典

Hideaki Ohba　大場秀章 監修

はじめに

本書は2001年に日本実業出版社から刊行された『おもしろくて ためになる植物の雑学事典』の文庫版である。ただ、文庫化にともない、章立てを大幅に変更した。また、全般にわたり各項目の執筆者が、前書刊行以降に明らかになった新事実への対応など、担当部分のアップデートを行った。

旅行などで遠出したときのことを思い出していただきたい。訪れたいたるところが緑に溢れていたはずだ。都市でさえ一寸郊外に出れば木々が茂り、河原があれば種々の草に被われた土手が続く。さらに遠方には木々に被われた緑の山々が連なる。日本だけでも、野生する植物（維管束植物）の数は8千種を超す。世界、つまり地球上には、およそ27万種の植物が生育しているのだ。

このぼう大な数の植物を登場させた源は、日本のような温暖な地域だけでなく、灼熱の熱帯や雨のほとんどない砂漠など、多様な環境に彩られた私たちの住む地球そのものにあるといってよい。植物は、さまざまな環境下で生きる術を生み出した。そもそも地球が緑なのも植物があってのものだ。

あらゆる環境に育つ植物の登場は、その場を棲みかとする昆虫などの小動物、そしてそれを食べる大型動物の生存を許容した。しかも、昆虫は植物の花粉や種子を運び、大型動物は増えすぎた昆虫を捕食するなど、植物の生存を支える大事なパートナーともなっているのだ。

こうした多様な環境、そして動物との共存は、魔術師も驚愕するような驚きの技やしかけを生み、花にやって来る昆虫などの動物をも手玉にとるすご腕の植物をも生み出した。

人間も植物から多くの恵みを受け暮らす。他方、人間の暮らしはしばしば植物の生存に甚大な影響を及ぼしている。本来の生存地を消滅させたり、はたまた本来自然界には存在しなかったあまたの栽培植物を生み出し、さらには、もっぱら人間が生み出した都会のジャングルで暮らす植物さえ生み出しもしている。

より良好な地球環境を維持するために、私はもっとよく植物とは何者かを知ることが重要だろうと思っている。

2024年1月　大場秀章

監修・執筆者紹介

【監修】

大場　秀章（おおば　ひであき）

1943年東京都生まれ。理学博士（植物学）。東京大学名誉教授、同大学総合研究博物館特招研究員。日本植物友の会前会長。著書に、『森を読む』（岩波書店）、『ヒマラヤを越えた花々』（岩波書店）、『江戸の植物学』（東京大学出版会）、『バラの世界』（講談社学術文庫）、『サラダ野菜の植物史』（新潮選書）、『植物学のたのしみ』（八坂書房）、『はじめての植物学』（ちくまプリマー新書）など多数。

【執筆者】

秋山　忍（あきやま　しのぶ）

1957年東京都生まれ。東京大学大学院理学系研究科博士課程。理学博士。国立科学博物館名誉研究員。日本―中国―ヒマラヤ地域の種子植物の種多様性を分類学の立場から研究している。現在、対象としているのは、左右相称花を持つツリフネソウ科と放射相称花を持つユキノシタ科の系統と系統分化ならびにこの地域における種多様性の地域差である。

天野　誠（あまの　まこと）

1959年東京都生まれ。東京大学大学院修了。理学博士。現在千葉県立中央博物館に勤務。主に細胞分類学的研究に従事。博物館の資料収集、展示、教育普及事業にも力を入れている。おもしろくてためになり、家に帰って話題になるような来館者との対話を心掛けている。

池田　博（いけだ　ひろし）

1961年熊本県生まれ。広島大学理学部卒業後、東京大学大学院理学系研究科に進学し、ヒマラヤ産バラ科キジムシロ属植物の分類学的研究を行う。1992年、兵庫県立人と自然の博物館研究員として採用後、1997年4月より岡山理科大学総合情報学部生物地球システム学科講師・助教授、2007年12月より東京大学総合研究博物館准教授。博士（理学）。

大森　雄治（おおもり　ゆうじ）
1954年東京都生まれ。身近な草花から高山植物や海草まで、植物の形と生活の多様性や分類・系統進化の研究を通して、植物の美しさやおもしろさと、自然観察の楽しさを市民に伝えたいと思いながら、博物館に34年間勤務。元横須賀市博物館学芸員。

勝山　輝男（かつやま　てるお）
1955年横浜生まれ。現在は湯河原町に住んでいる。山があって、海があって、温泉があり、東京や横浜にもそれほど遠くなくて気に入っている。維管束植物ならば平均して手がけているが、カヤツリグサ科、ヒユ科、アカザ科など花が目立たず、一般には注目されない植物が好き。神奈川県立生命の星・地球博物館名誉館員。

木場　英久（こば　ひでひさ）
1962年東京都生まれ。筑波大学大学院博士課程修了。理学博士。都会から、急に自然あふれる筑波に移り、野生植物への興味がわく。国立科学博物館の先生に指導を受けて以来、イネ科植物の虜。元桜美林大学教授。

田中　法生（たなか　のりお）
1970年東京都生まれ。国立科学博物館植物研究部研究主幹。筑波実験植物園研究員。筑波大学生命環境系教授（連携大学院）。博士（理学）。専門は水草の進化、分布拡散、保全など。著書『異端の植物「水草」を科学する』（ベレ出版）、分担『日本の野生植物』（平凡社）、監修『水草の疑問50』（成山堂）他。

田中　徳久（たなか　のりひさ）
1965年横浜生まれ。生まれてからずっと旅行以外では横浜から出たことがない、生粋の〝ハマッ子〟。専門は植物社会学。横浜国立大学大学院の修士課程を修了後、神奈川県立中央青年の家勤務を経て、博物館の植物担当学芸員に。現在、神奈川県立生命の星・地球博物館館長。

もくじ

第2章　植物が繰り広げるおどろきの生活

第3章 多彩な風景をはぐくむ植物

第4章　動物も手玉にとる植物のすご腕

第5章　人間が変える植物の世界

第6章　人知が引き出す植物の潜在力

第1章

魔術師も驚愕！
植物はこんなにも芸達者だ

トリカブトの花はハチのオーダーメイド

一風変わったトリカブトの花のかたち

トリカブトと聞いて、まず連想されるのは「毒」だろう。トリカブトの毒は生物が有する毒の中で、ふぐに次ぐ猛毒といわれている。かつて、アイヌ民族は狩猟の際、やじりにこの毒を塗布し、ヒグマを倒したという。また、附子（ぶし）あるいは鳥頭（うず）という名で薬としても利用されている。その毒性ばかりが取り上げられるトリカブトだが、その美しい青紫色の花はご存知だろうか。

5枚の萼片と2枚の花弁によって構成される花は、じつにユニークなかたちをしている。上の1枚の萼片（上萼片）はかぶと状に変形し、大量の蜜を蓄えた距をもつ花弁を覆うような格好をしている。横の2枚の萼片（側萼片）は雄しべと雌しべを囲うようにアーチを形成し、その下にもう2枚の萼片（下萼片）がある。つまり、蜜は花のかなり奥の方に配置されていることになる。トリカブト属の一種、ヤマトリカブトには、蜜を求めて口吻(こうふん)の長いマルハナバチが訪れる。そして、このマルハナバチだけが、ヤマトリカブトの花粉媒介者であることが確認されている。

なぜこのような花のかたちをしているのか。何か利点があるのか。そんな疑問を明らかにするために、一つの実験が行われた。5枚ある萼片を何通りかに分けて除去し、マルハナバチの行動や、マルハナバチにつく花粉の量が変化するのかが調べられた。これによって、この特徴的な花のかたちの意味がわかると考えられたからである。

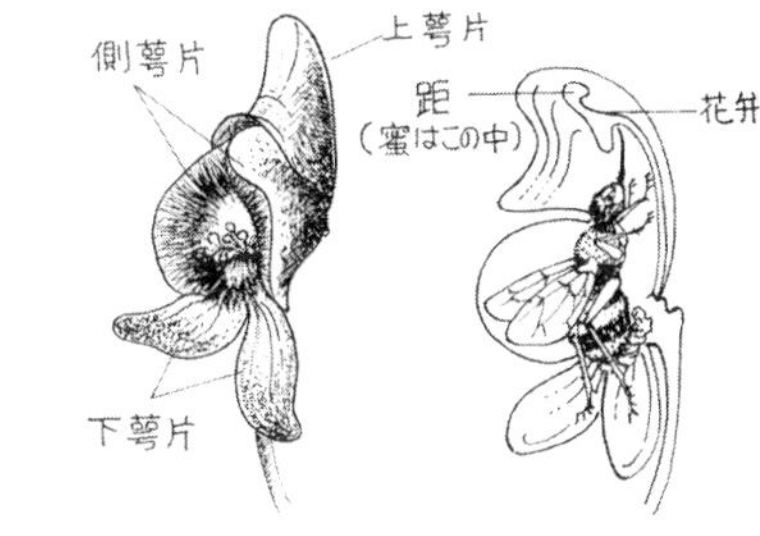

マルハナバチの体をしっかり支えるために遂げた進化

萼片を除去すると、マルハナバチが蜜をなめるときの姿勢が変わる。とりわけ側萼片を1枚、あるいは2枚除去したときは、その変化が大きく、側萼片の存在はマルハナバチの花の上での姿勢を制限していることがわかった。また、運ばれる花粉の量は正常花のときと比べると、側萼片を1枚、あるいは両方を除去したときだけ、減少することがわかった。

つまり、ヤマトリカブトの2枚の側萼片によって構成されるアーチ状の構造は、マルハナバチを雄しべと雌しべにしっかりと正しく接触させる働きをもっており、その結果、確実にマルハナバチの体に花粉を付着させ、たくさんの花粉を運ぶために役立っていると考えられた。

一般に虫媒花（昆虫によって花粉が運ばれる花）は、放射相称型から左右相称型へ、平面的な花から立体的な花へと進化したと考えられている。ヤマトリカブトはキンポウゲ科に属する植物であり、同科の中でもっとも特殊化した左右相称型の立体的な花をもつ。このようなヤマトリカブトの花のかたちは、マルハナバチによる受粉をより確実にするために進化したといえるだろう。

それにしても、ヤマトリカブトの花にマルハナバチが訪れる姿をぜひ観察していただきたい。器用に花に潜入する様子や、最深部の蜜をゴクゴクとなめるときに躍動する毛むくじゃらの腹部は、じつにかわいらしい。

（田中法生）

不思議な花のシオガマギク——花と昆虫の共進化

進化の過程でより複雑な花の構造に

ハマウツボ科シオガマギク属植物は、北半球を中心に約500種があるといわれ、日本でもタカネシオガマやヨツバシオガマなど、16種ほどが分布している。シオガマギク属植物は、花が特異な格好をしていることで知られる。その多くは花は筒状で、細長い花筒を有し、先は急に広がり、唇形となる。

シオガマギク属植物がこのように多様な花をもつ背景には、花のかたちと花粉を運ぶ昆虫とが、深く関わっていると考えられる。すなわち、花粉を効率的に同じ種（しゅ）の花に届けるよう、特殊なかたちをした花をつけて、訪れる昆虫の種類を制限して

いるのではないかと考えられている。シオガマギク属植物の花粉を運ぶ昆虫は主にハチの仲間で、ハチは蜜や花粉を求めて花にもぐりこむ。したがって小さな花には小さなハチが、大きな花には大きなハチが訪れ、特殊なかたちの花にはそれに応じた口（口吻）をもったハチが訪れる。これは花の大きさやかたちに応じてハチが進化し、逆にハチの進化に応じて花のかたちも進化した結果と考えられている。このように、植物と動物がお互いに影響を及ぼしながら進化することを、「共進化」と呼ぶ。

ヒマラヤのシオガマギク属植物

ヒマラヤにも多くのシオガマギク属植物が生育している。ネパールヒマラヤには55種がある。それらのなかには花筒が非常に長いものや、花冠の先が極端に曲がって、まるで象の鼻のように見えるものなど、たいへん変わったかたちの花をしたものがある。花と昆虫の共進化から考えると、そのような極端なかたちをした花にはそれに対応する特殊なかたちをしたハチがいると考えられるのだが、実際に野外で観察してみても、特殊なかたちの花に対応するようなハチが訪れているのを見たことはない。どういうことなのだろうか？
ヒマラヤの高山帯は、植物が生育できる期間は短く、2カ月から4カ月程度しかない。植物はその短い期間に花を咲かせ、受粉して果実をつける必要がある。しかし、その期間にはヒマラヤはモンスーンの影響で、ほとんど毎日雨が降る。昆虫は雨が降ると活動が鈍くなるので、花を訪れることも少なくなる。おそらくヒマラヤに生育するシオガ

マギク属植物のなかには、受粉を昆虫に頼ることをあきらめ、一つの花の中で受粉し、種子をつくっているものもあるのではないかと考えられる。逆にいえば、ヒマラヤのシオガマギク属の特殊な花は、昆虫との共進化を放棄したことにより、花のかたちに制限がなくなり、自由なデザインをすることができるようになった結果なのかもしれない。
ヒマラヤのお花畑を彩るシオガマギク属植物だが、案外あだ花なのかもしれない。

（池田　博）

花であって花ではない、花の演出家――装飾花

さまざまなかたちの装飾花が彩りを添える

チューリップやヤマユリのように大きな花は一つでも十分魅力的であるが、小さな花は単独では魅力に乏しいので、たくさん集まって咲くことが多い。なかにはただ集合するだけでなく、周辺の花の花びらや萼片(がくへん)が大きくなり、全体で一つの大きな花のように見せているものもあり、これを偽花(ぎか)という。小さな花は役割を分担しているわけである。ガクアジサイやハナウド、ヤブデマリ、ヒマワリなどがよい例である。受粉して種子をつくるという本来の機能を失い、花を演出する役割を担った花を「装飾花」と呼ぶ。

レンプクソウ科ガマズミ属のヤブデマリは散房花序で、花序の中央部は雄しべも雌しべもある小さな花が数十個、周縁部は5、6個の装飾花になっている。装飾花

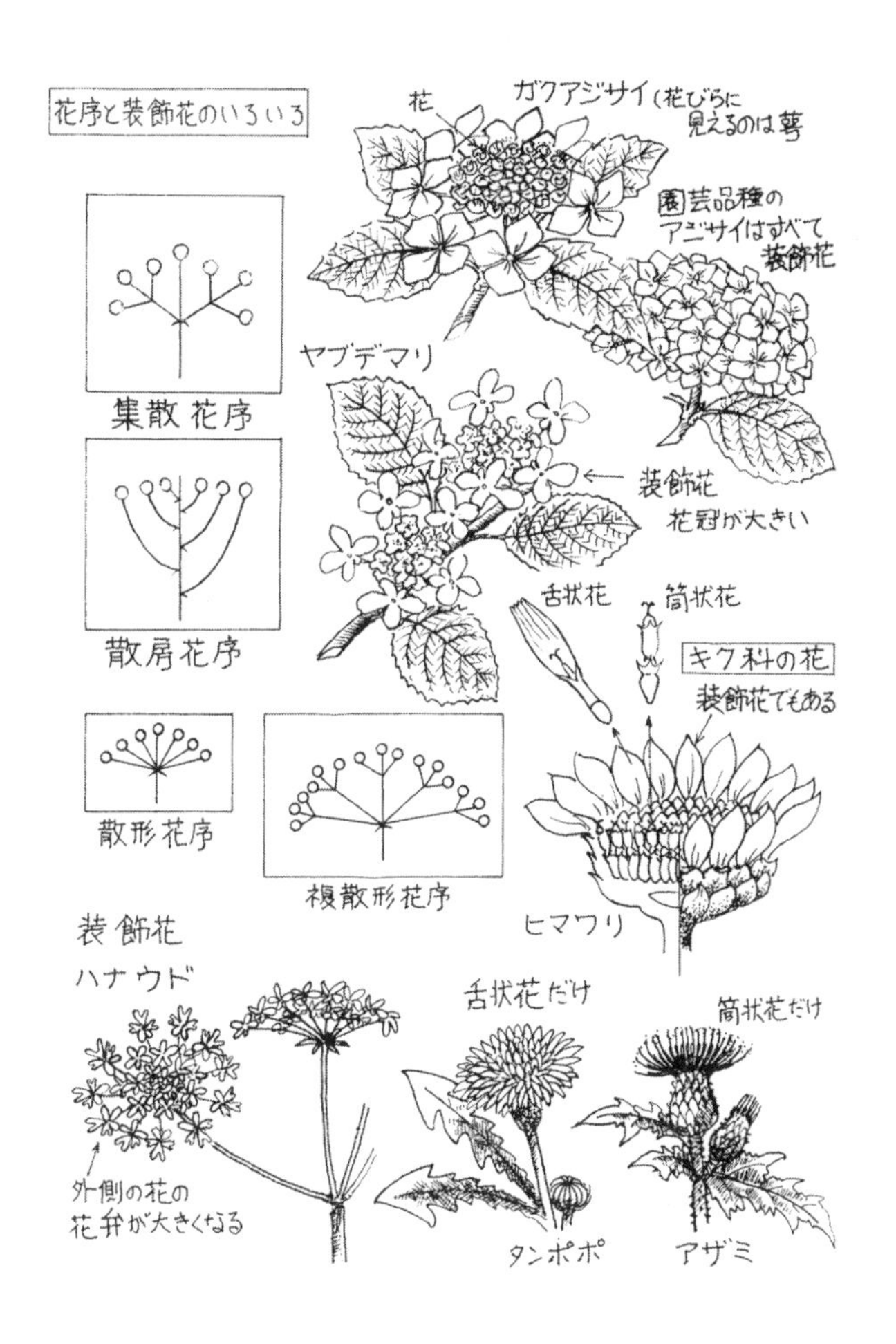

花序と装飾花のいろいろ
花
ガクアジサイ（花びらに見えるのは萼
園芸品種のアジサイはすべて装飾花
集散花序
ヤブデマリ
装飾花
花冠が大きい
散房花序
舌状花
筒状花
キク科の花
装飾花でもある
散形花序
複散形花序
ヒマワリ
装飾花
ハナウド
舌状花だけ
筒状花だけ
外側の花の花弁が大きくなる
タンポポ
アザミ

は雄しべも雌しべもなく、5裂した花冠(かかん)が大きくなったもので、1枚は小さく、4枚が大きいので、あたかも白い蝶が羽を広げて止まっているかのようである。ガマズミ属で装飾花を有するのは、このほかオオカメノキとカンボクで、ほかの種(しゅ)ではほとんど白い小さな花が集まっているだけである。

アジサイ科アジサイ属のガクアジサイは集散花序で、100個以上の小さな花の周りに7、8個の装飾花がある。これは4枚の萼片が花弁状に色づき大きくなったもの。よく見る園芸品種のアジサイは、花のほとんどが装飾花になったものである。アジサイ属では装飾花をもつものが多く、ツルアジサイ、タマアジサイ、ノリウツギ(なかでも品種のミナヅキはアジサイ同様ほとんど装飾花からなる)、アマチャなどがある。また、アジサイ科ではほかにバイカアマチャ属、イワガラミ属にも装飾花をもつものがある。

セリ科のハナウドは複散形花序で、1個の小散形花序は30~40個の花からなる。花序の中心部の花は、花弁が小さく放射相称だが、周縁の花は花弁が大きく左右相称となり、花序にアクセントを添えている。ただし周縁の花は、中心部の花と同様に、雄しべも雌しべも有し、装飾花への一歩を踏み出したばかりである。

舌状花と筒状花がキク科の基本

キク科のヒマワリでは、茎の頂に、多数の花からなる花序（頭状花序なので頭花ともいう）を出し、その外周の数十から100個ぐらいは黄色い舌状花で装飾花となり、果実は実らない。装飾花に囲まれた内側はすべて数百個から2000個を越える筒状花で、果実をつくる。

筒状花をよく見ると、筒形をした小さな花冠があり、先は5つに裂けており、放射相称である。一方、舌状花は基部では筒になっているが先は片側に寄って、黄色くへら形で、左右相称である。

一般にキク科の花といっている部分は、このヒマワリのように、多数の舌状花と筒状花で構成される花序なのである。タンポポ類は舌状花ばかり、逆にアザミ類は筒状花ばかりだが、多くは両者の組み合わせでできている。

キクの園芸品種はアサガオやツツジなどと同様、江戸時代にたくさんつくられたが、さまざまなキクの園芸品種を見ると、舌状花が管状になったり、さらに細く糸状になったりと、舌状花と筒状花が容易に変わることがわかる。

（大森雄治）

花びらも萼（がく）もないのに美しい花

退化したのか、はじめからなかったのか？

花には花びらがあって当たり前と思われるかもしれないが、25万種といわれる被子植物のうちには、花びらも萼もない植物群がある。ドクダミやセンリョウがそれである。

センリョウの鮮やかな赤い実は、正月の切り花として使われるのでよく知られているが、さてその花をご存知の方は少ないのではないだろうか。センリョウは、6月から7月に、枝の先に長さ5センチほどの枝を出すが、そこに1～2ミリの小さな粒が並んでいるのが見られる。さらによく見ると、黄緑色で球形の雌しべの背中に、黄色い楕円形の雄しべがついている。雄しべ1個、雌しべ1個からなるとても単純な花である。とにかく花びらも萼もないので、枝先が黄色になったかなと思われるだけで、見過ごされてしまう。雄しべは花粉を出すと雌しべから外れ、雌しべは冬までに直径5、6ミリまで大きくなり、赤く色づく。実が黄色い品種はキミノセンリョウと呼ばれる。

また、ドクダミの花には、4枚の立派な花びらがあると思われている方が多いのではなかろうか。その上の黄色い円柱形の部分をよく見ると、雌しべと雄しべが密生していることがわかる。ルーペでさらに詳しく見る

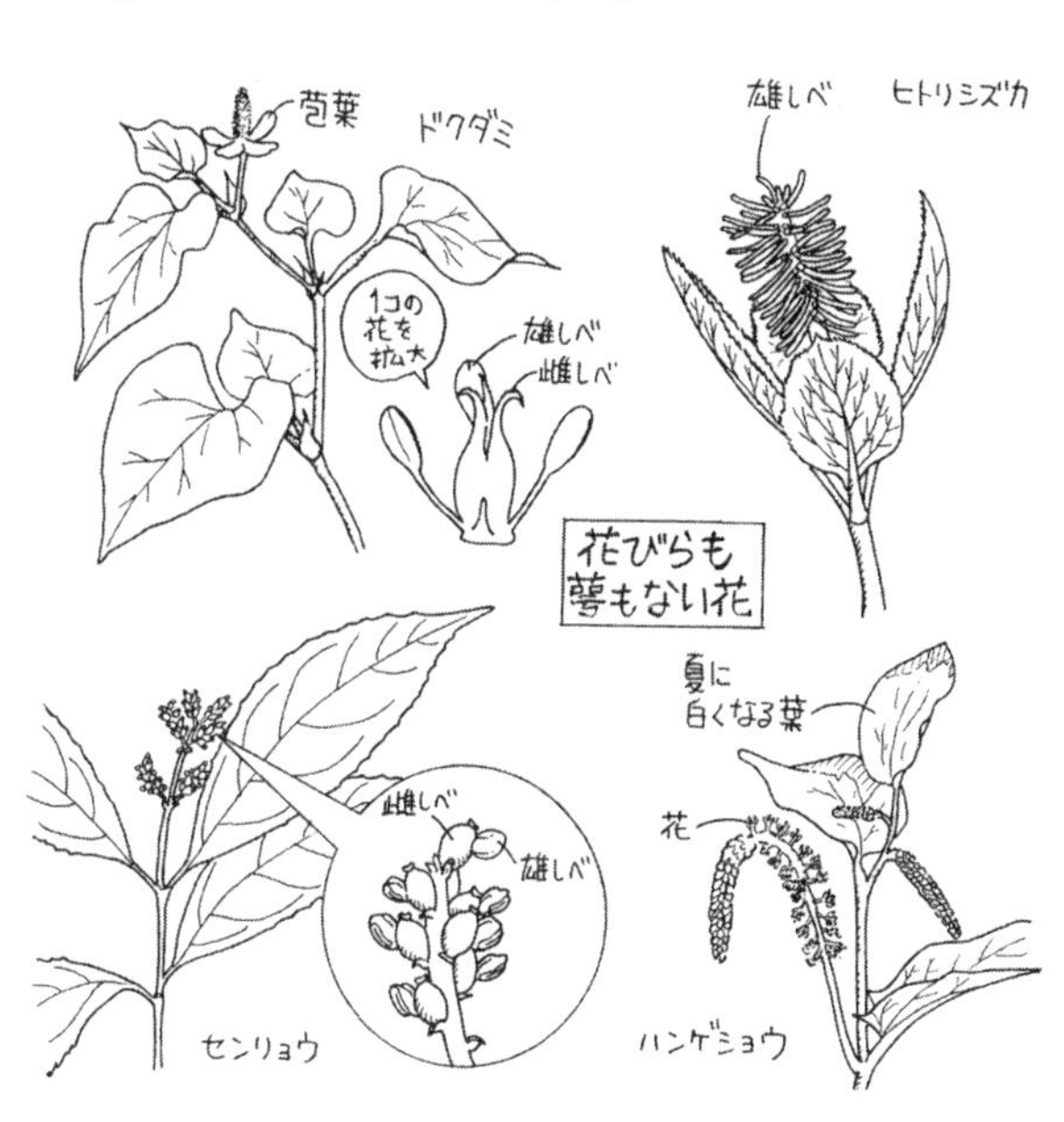

と、黄緑色で壺型をし、先が3つに分かれている雌しべとその外側の黄色い3本の雄しべが1組で、1つの花であることがわかる。じつは4枚の白い「花びら」は、若い花の集団を包んでいた「苞葉（総苞片）」なのである。

花びらがあるのが当たり前の花の世界では異端の、センリョウやドクダミの雄しべと雌しべだけの花は、これまで「花びらや萼が退化した」と解釈されることが多かった。しかし1億年以上前の、中生代白亜紀の植物化石の中からセンリョウ科の花粉や花の化石が発見されると、「はじめから花びらや萼のない花である」との解釈が見直され、被子植物の進化の鍵を握る植物群として注目されるようになった。近年の遺伝子レベルの解析による系統研究によっても、ドクダミ科、センリョウ科は、同様に無花被花をもつコショウ科などとともに原始的被子植物群の一つとして分類されている。

まるで花びらのようなヒトリシズカの雄しべ

センリョウ科にはセンリョウのほか、ヒトリシズカやフタリシズカなど優雅な名前のついた植物がある。これらの雄しべは白く、緑の葉を背景に、小さいながらも花びらのようによく目立つ。とくにヒトリシズカやキビヒトリシズカでは、3本の雄しべが糸状に長く伸び、その役目は、花びらを補ってあまりあると思われる。ドクダミ科ではドクダミの苞葉や、ハンゲショウの白くなる葉が、若い花序を保護するだけでなく、開花時は昆虫を誘引し、花びらと同じ役目を担っているのである。

生物の分類体系化に先鞭をつけた、近代生物分類学の祖といわれるリンネは、植物の分類で雄しべの数を重視した。その分類の1番目、第1綱となったのは、雄しべが1本の「1雄しべ綱」で、カンナなどが含まれている。1雄しべであるセンリョウをヨーロッパに最初に紹介したのは、リンネの弟子で江戸時代の中頃に日本を訪れたツュンベリーである。彼が帰国した頃にリンネはすでに他界していたので、残念ながらリンネはセンリョウを見る機会はなかった。

（大森雄治）

自分で温室をつくって寒さから花を護る植物

半透明な大きなすりガラスが花を包む

ヒマラヤのような中緯度の高山帯では、年間を通じ寒冷な気候で積雪期間がとても長い。植物が成長できる期間は平地に比べて極端に短く、標高5000メートルでは年間で50日ほどだ。木も草も小さく、人の膝の高さを越える植物はほとんどない。そんな中に、唯一、人の背丈ほどの高さになる巨大な草がある。薬草として有名な大黄と同じタデ科ダイオウ属の一種、セイタカダイ

▲下方に緑色のロゼット葉、上方に花を覆う半透明でクリーム色の苞葉をつけたセイタカダイオウ（ネパール東部、ジャルジャレヒマール標高4100mで8月上旬）

オウである。

若い未熟な花や、花の集まりを覆って保護する役目をしている葉を「苞葉（ほうよう）」という。苞葉は、ふつうは花が成熟してしまえば、葉とは気づかれなくなるほど目立たないものだ。しかし、セイタカダイオウの苞葉はふつうの葉のように大きい。そればかりでなく半透明化して、すりガラスのようになって全体を覆い、まるで円錐形の温室をつくっているようにみえる。

低温の天候時でも内部は温室効果でぬくぬく

セイタカダイオウの苞葉の厚さはふつうの葉の半分ほどで、組織も未発達で、細胞中に葉緑体はない。当然、光合成をするふつうの葉としての機能はない。

それでは苞葉がないと花はどうなるのか？　苞葉がなくても花は咲き、成熟し、多くの果実を実らせることができるのだろうか？　そこですべての苞葉を取り除き、花を裸にして雌しべや雄しべを観察したところ、花粉に異常がみられた。セイタカダイオウの生育地の気温が、その成長期に晴天時でさえ15℃を越えることはなく、雨天ではせいぜい7、8℃と低いことを考えると、花粉に異常が現れたのは低温によって花粉の成長が阻害されたのだ、と考えられる。

高山帯では、植物は常に低温にさらされるだけでなく、強い風や紫外線などを受ける。光に対する反射や透過を調べると、苞葉は、茎の成長や雄しべや雌しべの発生を阻害する紫外線を、苞葉に多量に含まれるフラボノイドによってほとんど吸収し、温度を高める可視光線や赤外線をよく透過させていることがわかった。さらに、苞葉で覆われた「部屋」の温度を測定したところ、雨天または曇天で日中温度10～15℃、晴天で15～25℃に保たれており、苞葉は風雨から茎や花を保護するだけでなく、「部屋」の温度を上昇させる効果があることがわかった。

まとめると、セイタカダイオウの苞葉は、有害な紫外線を透過させず、一方で雨天や曇天のときでさえ可視光や赤外域の光をよく透過し、花や果実を保護するだけでなく、これらを積極的に保温、ここでは〝昇温〟といってもよいほどに「部屋」の温度を上昇させ、茎や葉の成長の促進と花粉や胚珠(はいしゅ)などの正常な発生を保証している。光エネルギーをとても効率よく利用するつくりだったのである。

セイタカダイオウはずっと背が高いわけではない。根ぎわから円形の葉を出し、冬のタンポポのようなロゼットの姿で7、8年を過ごす。そして養分を十分蓄えた最後の年に、ようやく1〜2メートルの茎を伸ばして花をつけ、1万粒以上もの大量の果実を実らせて一生を終える。せいぜい2カ月ほどの短い成育期間に大きな体をつくり、大量の果実を実らせるために、セイタカダイオウは半透明の特殊な苞葉をつくりだしたのだろう。

このような半透明の苞葉や萼（がく）をもつ温室型の植物はヒマラヤ高山帯に多く、キク科のトウヒレン属やナデシコ科のマンテマ属などでも知られている。低温で湿潤なヒマラヤ東部の高山帯特有の気象条件が、このような奇妙だが巨大で高貴ともいえる（セイタカダイオウの学名は「高貴なダイオウ」の意味）植物を生み出したのだろう。

（大森雄治）

綿毛でぬくぬくセーターを着た植物

ヒマラヤの奇妙な高山植物

ヒマラヤ山脈の高山帯上部には、よそには見られない変わったかたちをした植物が生えている。そのひとつが、セーター植物と呼ばれる一群のトウヒレン属だ。このキク科の属の植物は、日本にも63種を産するが、それらはアザミのようなかたちをした、特には変哲のない植物である。ところがセーター植物のトウヒレンは、植物の全体が白っぽい綿毛に包まれている。その代表種がワタゲトウヒレンで、いくつか

▲セーターに包まれるワタゲトウヒレン（ネパール、ガネッシュ・ヒマール）

の花を密集した花序の部分が、白い綿毛の密生した葉の集まりに包まれている。その上端に直径1センチほどの孔（中に通じる穴）があるだけで、まるで、雪玉のようだ。

さて、このような特殊な構造がどんな役割を果たしているかだが、これにはいくつかの仮説が立てられている。びっしり毛が生えた葉は、とても光合成に向いているとは思われず、よほど深刻な事情があるに違いない。

なぜセーターを着たのか？

仮説1　白い綿毛で寒さから身を守る？

仮説の一つは花や茎の成長点を寒さから護るためというものである。花の生殖細胞は一般に低温や急激な温度変化に弱い。ヒマラヤの高山帯の場合、標高5000メートルでは朝晩は3～4℃と冷蔵庫なみの気温なだけに、何らかの適応が必要であろう。ただ、空気は地面からの輻射熱で暖かくなるので、地面に近いほど気温は高い。これを最大限利用したのが、ごく背が低く葉や茎が密生したクッション型植物である。

ワタゲトウヒレンは、同じ環境に生育する植物の中では特に大きく、生長すると地表付近の暖かい空気の恩恵を受けることができない。また短い夏の間に、茎を伸ばし、花を咲かせ、実を結ぶところまでしなくてはならない。一般に植物は適温範囲の中では、温度が高いほうが生長が早い。ワタゲトウヒレンには短い夏に適応し、かつ大きくなるために成長点付近の温度を高く保つ必要があるのだろう。実際にワタゲトウヒレンの葉に包まれた空間に温度計を差し込んで測定したところ、外気温より8~9℃ほども高かったという観察例がある。

仮説2　綿毛で訪花昆虫を寒さから護る？

もう一つの仮説は、花粉を運んでくれる昆虫に、寒いときの隠れ家を提供しているというものである。昆虫たちに寒い間は花に潜り込んでもらって、花粉にまみれてもらった後、暖かくなると別の花を求めて移動してもらう。この過程で他の株に花粉が運ばれ、他の株の花粉をもらうことができる。実際に訪花昆虫が中にいるのを見たことがあるが、今のところ、これがどの程度送粉に有効なのかわからない。他の株から花粉を受けるということは、植物にとってよい子孫を残すための重要な事業であり、そのために蜜の量を調整したり、一度に咲く花の量を調整したり、なみなみならぬ工夫をしている。

いずれの仮説も正しいのかもしれないが、どれが一番可能性が高いのかを考える一つのヒントがある。それはセーター植物の少なからぬ種で、開花時には花が露出していることである。これでは受粉後の種子の発達の促進や訪花昆虫の避寒は期待できない。やはり成長点と若い生殖器官保護が一番大事なのではないだろうか？

ワタゲトウヒレンは、花が咲く前、何年かはロゼットの状態（茎が立たず、地面に葉を広げている状態）で過ごし、地面の暖かさの恩恵を最大限に生かしている。この頃の葉には、綿毛は生えていない。いよいよ花の咲く大きさになった年に蓄えのすべてをつぎ込んで、茎を伸ばして、花を咲かせ、種子をつけて枯れていくのである。ワタゲトウヒレンの個々の株にとって花を咲かすことは、「人生」の最後に次代に命を託す、命をかけた一大事業なのである。

（天野　誠）

高山植物の矮小化性

なりが小さくても花が大きい高山植物の理由

ヒマラヤの中央に位置するネパール・ヒマラヤの高山には、40種を越すサクラソウ属の植物が生えている。その多くの種は、高さが10センチ以上、ときには30センチにもなるのに、中には2センチにも満たない小形の種も見られる。植物体は小型になるが、それに比して花のサイズは小さくならないため、植物全体に対して花が大きく見える。このような植物体の矮小化は、高山植物ではよく知られている。矮小化は、植物の生長（成長）可能な期間が短い高山の環境に結びついているといってよいであろう。

高山に暮らす植物は、短い期間に芽を出し、葉を展開し、開花・結実させなければならない。植物全体を矮小化することで、結実までの期間を短縮し、短い期間で

▲ヒマラヤの高山帯に生育するクッション型植物（サクラソウ科トチナイソウ属の1種）

の結実を可能にしているといえよう。このことが、系統の近疎を超えて、クッション型やロゼット型などの類似の形態をした植物が、高山に見出せる理由であるといえる。

地熱や水分を逃がさないようにコケのように密集

クッション型植物と呼ばれる、密集してコケ植物のような生育形態をとった矮小化植物は、サクラソウ科、ナデシコ科、ユキノシタ科、ベンケイソウ科などいくつかの科にみられる。トチナイソウ属（サクラソウ科）のアンドロサケ・タペテはヒマラヤの高山帯を代表するクッション型植物だが、この属には、このようなクッション型となる種が多くある。ノミノツヅリ属（ナデシコ科）、ユキノシタ属（ユキノシタ科）、イワベンケイ属（ベンケイソウ科）などにもみられる。

これらは系統的には関連のない種だが、見かけ上はとてもよく似ている。日本では野原や路傍に生えるノミノツヅリ属のノミノツヅリやノミノフスマと、ヒマラヤのクッション型をした植物とが同じ仲間の植物とはにわかに想像がつかない。このギャップの大きさにこそ、環境に適応して生きる植物の多様性の本質が隠されているといえるだろう。

ほかに高山には、花茎がほとんど伸長せず、地際に葉をロゼット状に広げて、その中心部に花をつける植物があり、ロゼット型といわれる。フロミス属（シソ科）、トウヒレン属（キク科）など、やはり系統の異なるいくつかの科にみられる。ロゼットを発達させる植物は、日本などの温帯の平地にも多くある。日本ではタンポポやオオバコのように冬の間ロゼットで越冬し、春から夏に花茎を伸長させるものが多い。高山のロゼット型植物はこれに類似しているが、花茎がほとんど伸長しないため、地際のロゼットの中心に花を開くことになる。

クッション型やロゼット型は、短い生長期間に適応しているだけでなく、地表に接していることや植物体が密集することで、地熱や地中の水分を逃がすことなく生長に有効に用いているともいわれている。

（秋山　忍）

ジュズダマの玉はなぜ硬い？

タネを守るためのジュズダマの苞鞘（ほう）

子どもの頃に、ジュズダマの玉を糸でつないで数珠や首飾りにしたり、袋に入れてお手玉にして遊んだことがある方もいるだろう。ジュズダマの玉は直径が1センチ弱の球形で、硬くて軽く、光沢があり、なんともかわいらしい。いったい、なぜ、どのようにして、こんなものが自然界につくられたのだろうか。

ジュズダマは、草丈が1メートルを越すような大きなイネ科植物である。水路の土手などに沿って生え、初秋になるとトウモロコシのような広い葉の脇から、たくさんの数珠玉をつけた花序を出す。数珠玉は熟すにつれ、緑色から褐色に色を変え、

やがて灰白色になる。この「数珠玉」と呼んでいる部分は、植物学では苞鞘という。お茶や薬などに使われるハトムギは、ジュズダマにごく近縁な植物であるが、花序がやや垂れ、苞鞘がもろくて壊れやすいところがジュズダマと違う。

ジュズダマは、雄の花と雌の花を別々に咲かせる植物である。雄の小穂（しょうすい）は、苞鞘を突きぬける柄の先に集まってつき、花期が過ぎると柄だけを残して落ちる。苞鞘の中に軸が残っているのを見られた方もいるだろう。一方、雌の小穂は苞鞘に包まれている。雌しべの先だけを苞鞘の外に出し、花粉を受け取るのである。苞鞘は、大事なタネ（種子）を包んで護っている。長い進化の歴史の中で、体の一部を硬くて丈夫なものに変化させたのである。

苞鞘の進化のプロセス

これが苞鞘の適応の点からみた役割であるが、残る疑問は、これがどのようにしてつくられたかである。他のイネ科植物にはこんな硬くて丸い構造は見当たらない。さて、ジュズダマは体のどの部分を変化させたのだろうか。

ある秋、お手玉の中に入れようと思って、ジュズダマの玉をたくさん集めていた。

野外でビニール袋いっぱい集めてきたのを、机の上に広げて選り分けていたら、苞鞘の口の部分に葉のようなものがついているのを見つけた。この「葉のようなもの」が、硬い苞鞘の由来を理解するうえで重要なカギを握っている。

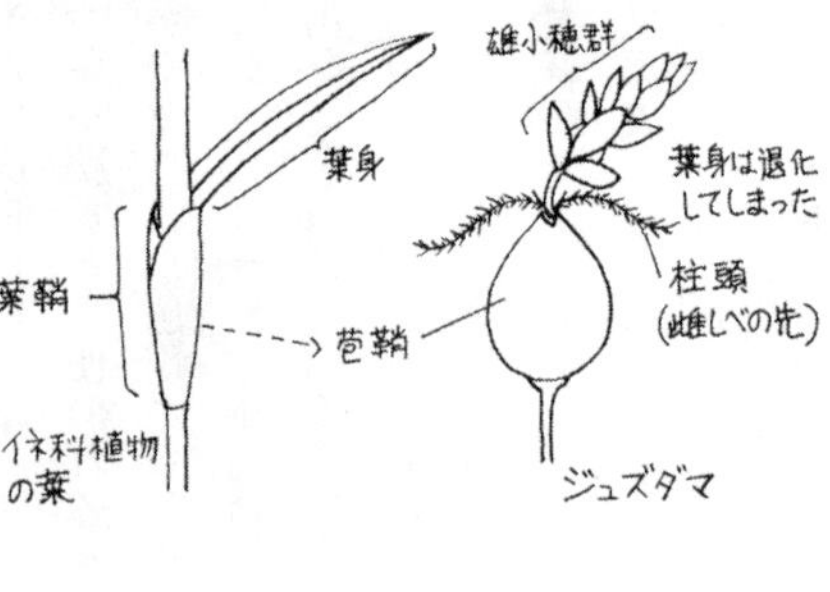

イネ科の葉は、葉身（ようしん）と葉鞘（ようしょう）という二つの部分からなっている。葉身は平たくて光合成をする葉の本体である。葉鞘は、茎を包む筒状の構造である。ふつうの植物の葉には柄があるが、この柄の部分に相当するのが葉鞘である。そして、苞鞘は葉鞘の変化したものだ。薄くて細長い葉鞘が、だんだんと厚くて短く丸く変化していく様子を想像してほしい。多くの苞鞘では葉身が完全に退化して、なくなってしまったのだが、ごくまれに小さい葉身をつけた苞鞘が見られるのである。

ジュズダマは、種子を子房に包み、さらに護穎（えい）と苞穎（包穎）に包んだうえ、硬い苞鞘で護ってから散布する。とても子思いな植物なのである。（木場英久）

ススキの穂に隠されたリズム

ススキはもっともポピュラーな野生植物

某大学の学生に、「知っている限りの野生植物の名を書きなさい」という課題を出してみた。野生植物とは、野外でしかも自分の力で繁殖している植物で、作物や園芸植物のような人が栽培する植物を含まないという説明をした。その後、白い紙を配って野生植物の名前を書かせてみたら、3分ほどでギブアップしてしまった。もうそれ以上時間をかけても何も書けないという状態になったので、紙を回収して集計することにした。どう甘く採点しても平均で7、8種しか書けなかった。

多くの人が答えたのは、サクラ、タンポポ、スミレ、そしてススキ。ススキは、そんな彼らでも知っている、もっともポピュラーな野生植物の一つといえよう。

ススキは空地や川原に群生して、秋になると金色(こんじき)の穂を出し、人の背丈を越すほど大きく育つイネ科植物である。こんな説明がいらないほど、われわれ日本人には身近な植物であり、お月見といえば、団子と虫の声とススキの穂が思い出される。たいていの人は、「もう、ススキなんて何度も見ているからよく知っているよ」と思うかもしれない。しかし、こんなにみんながよく知っている植物であっても、次のような法則があることは案外知られていないのではないか。

「2個ずつついて、左右に出る」の法則

ススキの穂は20～30センチぐらいの総（ふさ）が十数本集まっていて、その総には金色の毛に被われた小さな粒々が並んでいる。夕日を受けてススキの原が金色に輝くのは、この毛のためである。この粒々のことを「小穂（しょうすい）」という。ススキだけでなく、イネ科の植物はみな小穂という単位で花序（花の集まり）がつくられている。

ススキの穂から総を1本はずして、目を近づけて見てみよう。総を曲げたり、いろいろな角度から見てみると、総の軸に直接ついているように見える小穂と、3ミリぐらいの柄の先についている小穂の2種類の小穂があるのがわかる。総の軸の近くの小穂を「短柄小穂（たんぺいしょうすい）」、3ミリぐらいの柄の先についている小穂を「長柄小穂（ちょうへいしょうすい）」

という。そして、必ず短柄小穂と長柄小穂は1個ずつペアになって総の軸についている。長柄小穂が総の右側に突き出た次の節では、長柄小穂は左側に出る。

総を少し目から離して見てみると、長柄小穂が右に、左にと交互についているのが見えるはずである。枯れたススキの穂からは小穂が取れてしまうので、総には中軸と柄だけが残る。枯れススキを観察したほうが、「2個ずつついて、左右に出るの法則」はわかりやすいかもしれない。

ススキは、イネ科のヒメアブラススキ連（科をさらに細分したグループを「連（れん）」という）の植物である。この法則は、たとえばササガヤ、アブラススキ、チガヤなど、ヒメアブラススキ連の他の種でも見ることができる。

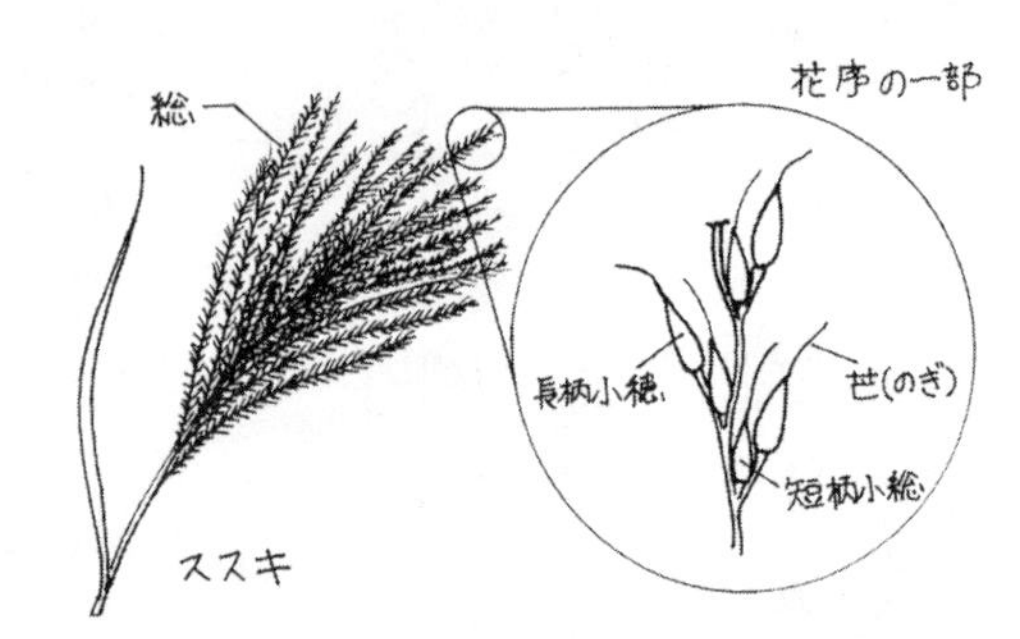

川原には、オギというススキ属の植物がある。荻窪とか荻原など、地名や苗字に

出てくる身近な植物だが、これもススキだと思っている人も少なくないように思う。オギにはススキよりも、長くて柔らかい銀色の基毛がある。また、ススキの小穂の先からは、芒（のぎ）という針状の構造が伸びているが、オギにはこれがない。見慣れると遠目に見ても違いがわかるほど違う植物だが、「2個ずつついて、左右に出るの法則」は、どちらの種にもあてはまる。

一見、複雑に見えるものを、よく観察してみると、そこに単純な法則が隠れていることがある。それまで「なんだかゴチャゴチャしていてよくわからないなぁ」と思っていたものが、法則がわかってみると、親しみ深く思えるものである。見慣れたススキの穂も、今度見るときにはひと味違って見えるかもしれない。

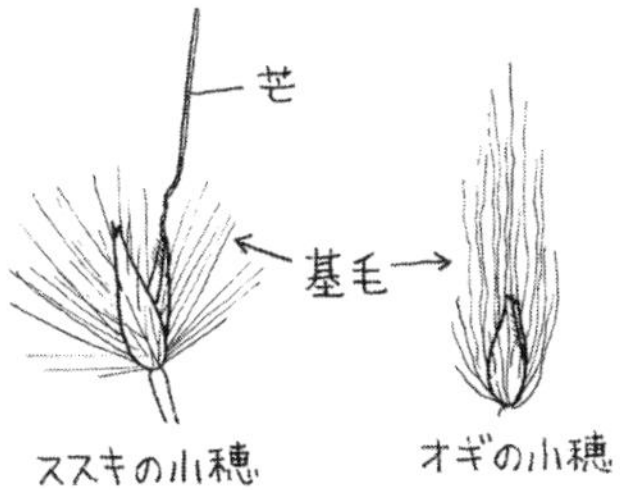

（木場英久）

コブナグサの来た道

なぜかヒメアブラススキ連に属すコブナグサ

近縁な植物のかたちを比べて、進化の道筋にあれこれ思いをめぐらすのは興味深いものである。ある植物のどの部分が、別の植物のどの部分に相当するのかを考えて、それらの中間段階のかたちを粘土をこねるようにして想像し、長い時間をかけて進化していく様子を頭の中で再現してみるのである。

コブナグサという植物をご存知だろうか。田んぼの畔などに這う小さいイネ科植物である。イネ科にしては少し幅の広い葉のかたちをフナに見立てて小鮒草と

いう。八丈島では、黄色の染料として使われる。先ほど紹介したヒメアブラススキ連の中に含まれるのだが、ちょっと変わったかたちをしている。

ヒメアブラススキ連の花序は、ふつうススキのようにいくつかの総があり、総を見ると長柄小穂と短柄小穂が対をなしているのが特徴である。ところが、コブナグサにはたしかに総はあるが、小穂は対をなしていない（右図）。つまり、ヒメアブラススキ連の特徴を半分しかもっていないようなのに、どの本を見てもヒメアブラススキ連に分類されているのである。コブナグサだけを見ていると合点のいかない話であるが、他のヒメアブラススキ連の植物たちと比べてみると、納得していただけることと思う。

▲短柄小穂をひとつ外した、ススキの総

ルーペの奥に見えるコブナグサの進化

まず、ススキとセイバンモロコシを比べてみよう。セイバンモロコシの短柄小穂はススキと同じく雄しべも雌しべもある両性の小穂であるが、長柄小穂のほうは雌しべがなくなり、雄性花になっている（下図a、b）。さらに、ヒメアブラススキの長柄小穂は雄しべもなくなり、中が空っぽになることがある（下図c）。また、メリケンカルカヤの長柄小穂では、これが柄だけになっている（下図d）。コブナグサはというと、さらにこの柄も退化していると解釈されるのである（下図e）。ルーペで見てみると、この解釈の証拠となる刺のような痕跡だけが残っているのがわかるだろう。

これらのヒメアブラススキ連の植物は、秋に花を咲かせることが多いので、秋がもっとも観察に

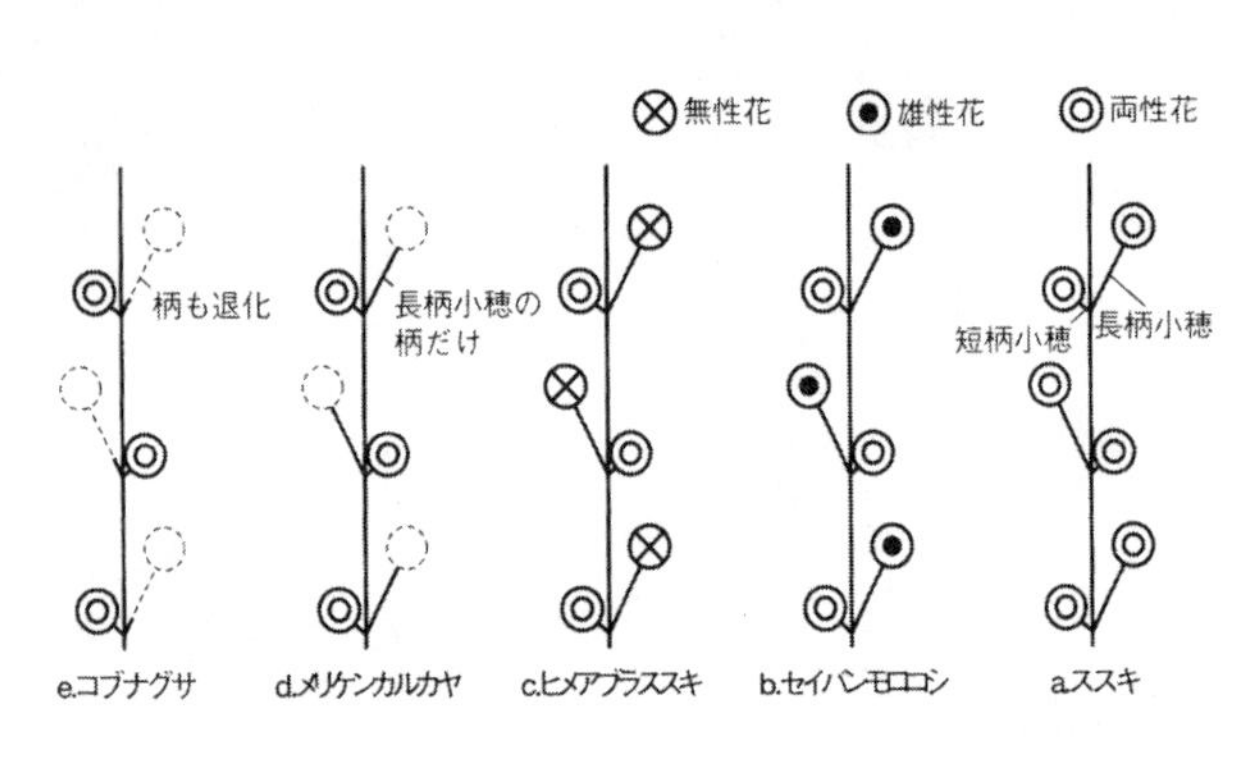

適した時期である。涼風が吹きはじめたら、秋の野原にルーペを持って出かけてみよう。うろこ雲を見上げながら、コブナグサの来た道を考えるのもよいものである。

（木場英久）

もみの下の鱗片（りんぺん）の謎

「稲穂の一粒」の構造

食生活の多様化が進んだとはいえ、われわれの主食がお米であることはしばらく揺るぎなさそうである。お米は食卓で毎日のように目にするわけだが、田んぼが近くにないような場所では、籾殻（もみがら）のついた稲穂を見る機会はあまりなくなった。正月飾りや初詣のときに配られる「お初穂（はつほ）」ぐらいのものかもしれない。今度のお正月に稲穂を手に入れたら、春まで残しておいてほしい。稲穂の一粒一粒を見ると、楕円形をした籾の下に、1ミリメートルぐらいの鱗片（りんぺん）状の構造がある

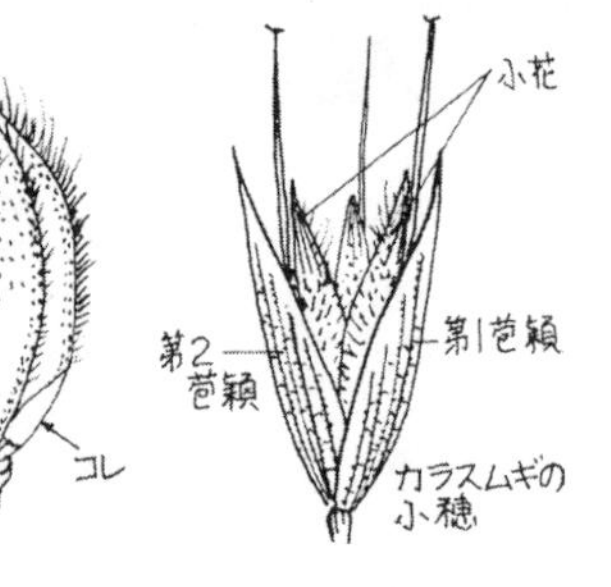

（図1左）。これはどういう由来のものだろう。
「稲穂の一粒」といったのが、小穂と呼ばれる部分である。イネの小穂は、特殊化が進んでいるので、それだけ見ていても理解しがたいものである。今回もまた、変化の歴史を想像する話である。例によってイネ科のいくつかの種と比べて、由来を考えてみたい。

イネ科の入門にはカラスムギを使うのが最適である。空地や道端に生えたカラスムギが、5月頃になると、たくさんの小穂が下向きについた花序を出す。カラスムギの小穂はイネと違って大きいので、観察が容易である。膜質で半透明のボート形をした葉のようなものが、外側に2枚あるのがわかるだろうか。これが苞穎（包穎）である（図1右）。2枚のうち外側にあるのが第1苞穎、内側が第2苞穎である。2枚の苞穎を左右に広げると、内側に黄緑色で、時には毛が生えている少し硬めの粒が2～3個入っていると思う。これらが小花で、1個の花に相当するものである。苞穎よりのものが一番大きく、上にいくにしたがって小さくなる。下から順に第1小花、第2小花と番号をつけて呼ぶ（図2a）。小花には、護穎、内穎という2枚の鱗片葉が外側にあり、それを開くと中に雄しべや雌しべがある。これがイネ科の小穂の基本的な構造である。カラスムギでなくても、イヌムギでも、スズメノカタビラでも同じような構造をもっている。

お米は、「稲の第3小花の胚乳」

5月初めには、土手などの明るい草地にコウボウやハルガヤという小型のイネ科植物が花序を出す。どちらもカラスムギに比べれば、かなり小さい小穂をつける植物である。2枚の苞穎の内側には3つの小花が入っているが、ちゃんとタネが実るのは一番上の第3小花だけである。コウボウの第1、第2小花は雌しべのない雄花であり、ハルガヤではさらに、雄しべも内穎もなくなって、護穎だけになっている（図3b、c）。

同じ頃、水路の土手などに生えるクサヨシが穂を出す。クサヨシの小穂をピンセットでつまみ、2枚の苞穎を開いてみると、中から光沢のある小花が出てくる。その小花の大きさは3ミリメートル程度であるが、小花のつけ根のあたりをよく見てみると、2枚の鱗片葉が見えるはずである。

図2

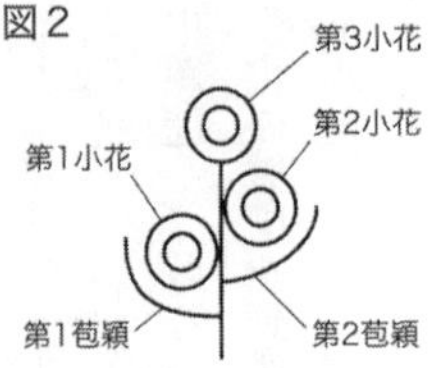

第3小花
第2小花
第1小花
第1苞穎
第2苞穎

a. カラスムギ

図3

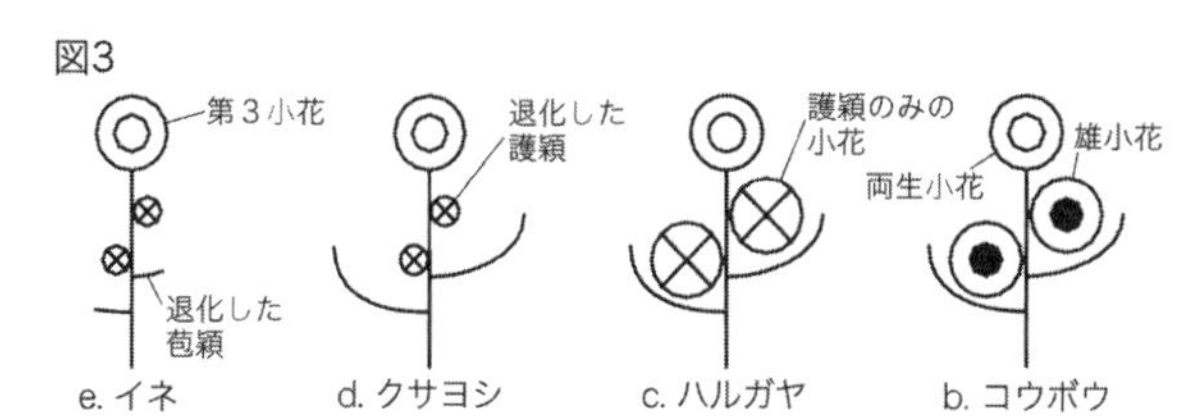

これらは極端に退化した第1、第2小花の護穎である（図3d）。

さて、正月から出番を待っていた稲穂に目を転じよう。疑問に思っていた小穂の基部の謎の鱗片葉は、退化した第1、第2小花の護穎だったのである。稲穂から籾をはずすと、2枚の鱗片葉は籾と一緒に外れる。柄の方をルーペで拡大してみると、柄の先端に2本の畝（うね）のようなものが見える。これが極端に退化した2枚の苞穎である（図3e）。

余談になるが、種子は、胚と胚乳からなるが、白米はイネの胚乳部分である。家族で囲む食卓で、お茶碗によそわれて白い湯気をあげている御飯を指差して、「これはイネの第3小花の胚乳なんだよ」と知ったかぶりをしたら、いとわしがられるだろうか。

（木場英久）

イチゴの実は果実ではない？

何が果実でどれが種子？

果実と種子の区別は、なかなか厄介である。イネ科やキク科の果実のように果皮がとても薄く、ほとんど種子だけの果実もあれば、種子のまわりに子房だけでなく、花托（かたく）や花びらや萼（がく）などがまつわりついているもの、さらに小さな果実が集合したものなど、果実の実体は複雑なものになっている。

被子植物の分類では、花のかたちがもっとも重要な形質とされ、科の特徴も花によく現れているが、ドングリをつくるブナ科、さやのある果実をつけるマメ科などのように、果実の特徴で明確に分別できるものもある。逆にバラ科などは、一つの科の中で多様な果実をもっているグループといえる。果物屋や八百屋の店先に並ぶ、ウメ、サクランボ、リンゴ、ナシ、ビワ、イチゴはいずれもバラ科の一員である。

バラ科の中でもっとも単純な果実は、モモ、サクラ（サクランボ）やアンズ、ウメの果実である。雌しべから花柱がとれ、子房が成長して外側が皮（外果皮）と多肉質（中果皮）に、内側が硬化して核となったもので、その硬い内側の果皮（内果皮）を割ると、中から1個の種子が出てくる。サクランボやモモでは、私たちが食べている部分は子房に由来する果皮である。

リンゴでは、柄と反対側のお尻の部分をよく見ると、5枚の萼片が残っていることがわかる。その奥には枯れた雄しべや花柱も見られる。縦に割ると、中心部に俗に芯と呼ばれる固い部分があり、その内側には種子がある。リンゴでは芯が雌しべの子房であり、サクランボとは違ってここはふつう食べない。私たちが食べるのは、子房をとり囲み多肉化した萼の筒の部分、つまり萼筒（がくとう）である。

イチゴの粒は雌しべの数だけ…

イチゴには、野草で知られるキイチゴ類やヘビイチゴ類、そして店先に並ぶイチゴがある。いずれも花には雌しべが多数あり、果実のつくりは複雑である。

キイチゴ類はラズベリーとも呼ばれ、多肉質の粒々の中にそれぞれ1個ずつの種

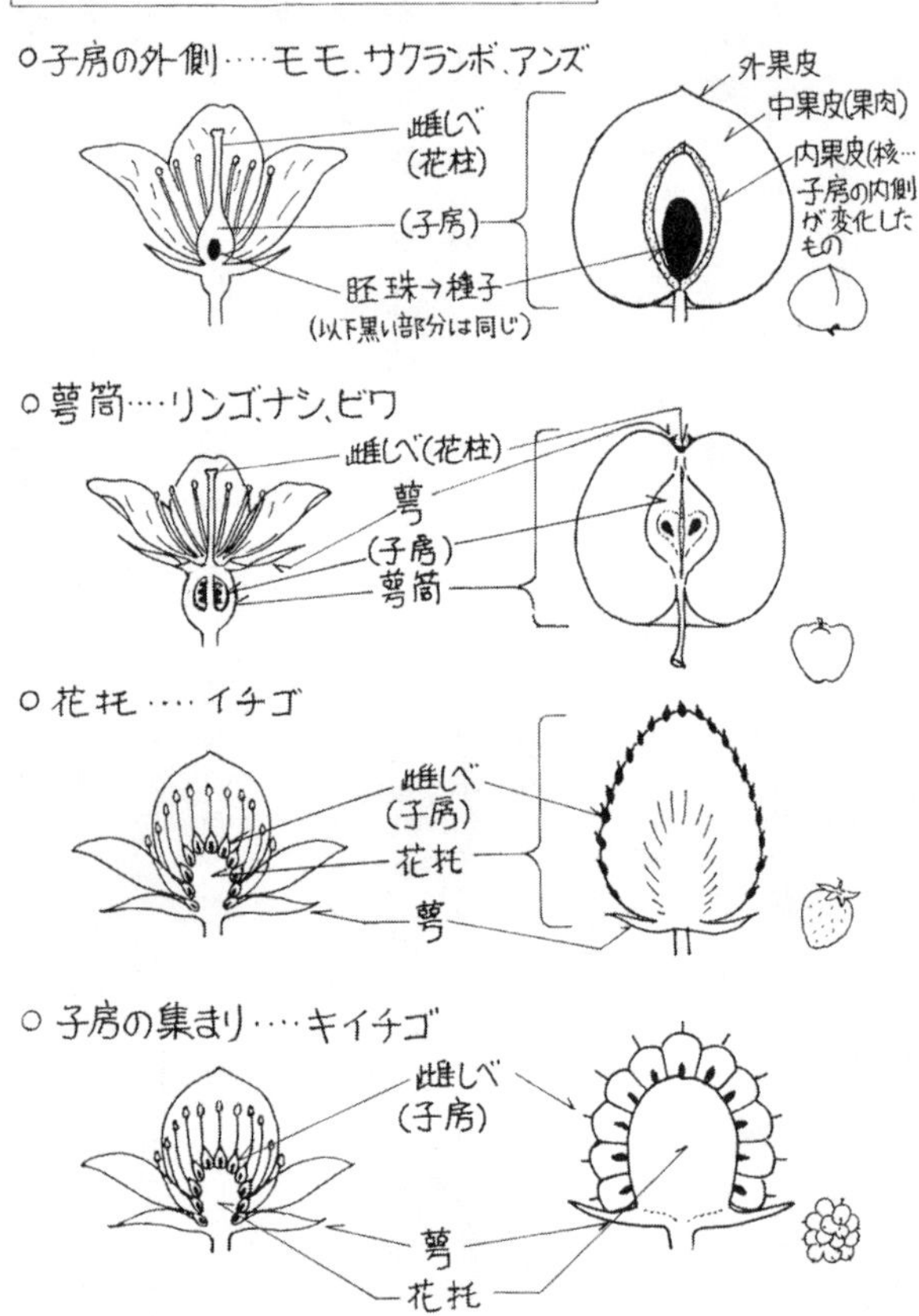
果物のどこを食べているか？
○子房の外側……モモ、サクランボ、アンズ
雌しべ
(花柱)
(子房)
胚珠→種子
(以下黒い部分は同じ)
外果皮
中果皮(果肉)
内果皮(核…
子房の内側
が変化した
もの
○萼筒……リンゴ、ナシ、ビワ
雌しべ(花柱)
萼
(子房)
萼筒
○花托……イチゴ
雌しべ
(子房)
花托
萼
○子房の集まり……キイチゴ
雌しべ
(子房)
萼
花托

子が入っている。いわば、たくさんのサクランボがひとかたまりになったようなものである。一方へビイチゴ類や、ストロベリーと呼ばれるイチゴは、実の外側に点々とついたゴマのような粒1個が、1個の雌しべに由来する。雌しべの子房は、薄い皮だけになったのだ。代わりに、萼や花びらがつく花の台座ともいえる花托が多肉質になり、そこを私たちが食べているのである。

いわゆる果物や、トマトやニガウリなど、果実としての野菜を食べるとき、花ではどの器官だったところを食べているのか想像すると、花から果実への、植物ではもっとも劇的な形態の変化を感じていただけると思う。

（大森雄治）

世界最大の花ラフレシアの「実」って？

直径1メートルの花をつける寄生植物

世界最大の花といわれるのが、ラフレシア・アーノルディである。ラフレシア属の花は小さい種(しゅ)では直径10センチほどだが、大きいものになるとラフレシア・アーノルディやラフレシア・ケイシのように、直径1メートルにも達する。

ラフレシア属はブドウ科のミツバビンボウカズラ属のつる植物を宿主とする寄生植物で、東南アジアの熱帯に十数種が分布している。どんなふうに寄生するかといえば、宿主の幹の中に完全に入り込み、外に出ているのはつぼみや花だけ。茎らしいものは出ていない。もちろん葉もない。

花被片は5個で水平に開き、その基部は合着して、壺状の花筒をつくる。花は単性で雌雄異株のようだ。雄しべや雌しべは合着し、その上部は上面に刺のある盤状

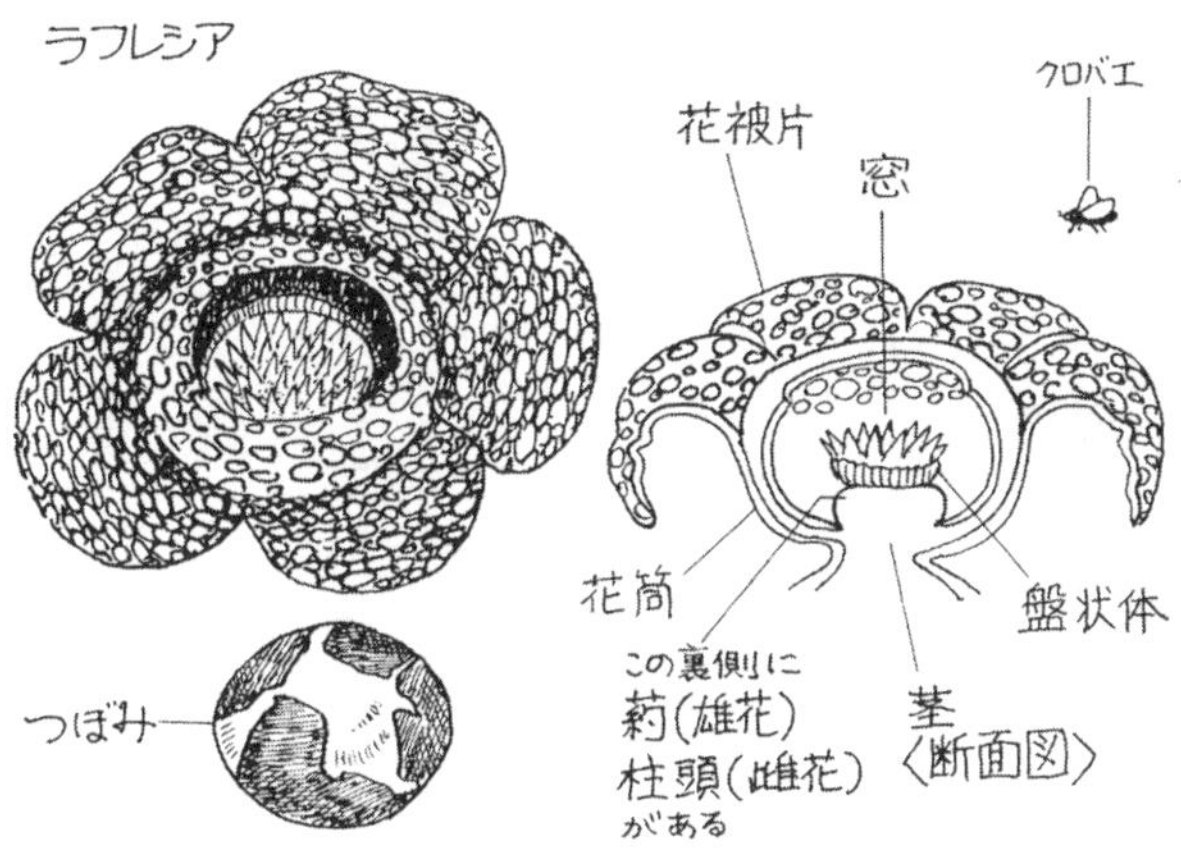

体になっている。盤状体は花筒の口部の窓から見ることができ、縁に近い裏側の天井に雄しべの葯（雄しべの先端）や雌しべの柱頭がある。

花粉はハエによって運ばれる。開花しているラフレシアは腐った肉の臭いがするといわれるが、ハエを誘引するためであろう。雄花を訪れたハエは、盤状体の裏側に入り込むが、その際に背中に、粘り気のあるクリーム状の花粉のかたまりがつく。花粉を背中につけたハエが雌花を訪れ、盤状体の裏側に入り込むと、雌しべに花粉が付着し受粉するというしくみになっている。

珍しい果実、キャベツのようなつぼみ

果実は、受粉後8カ月ほどで熟す。とはいえ、ラフレシアの花については、熱帯の植物を扱った本に、カラーグラビアがよく出ているが、果実の写真は見たことがない。

文献によれば、ラフレシアの果実は直径14センチほどの黒褐色をしたドーム状で表面は硬く、中にはクリーム状のものがつまっており、腐ったココナッツのようだといわれる。種子は長さ1ミリほどで、1個の果実にはじつにたくさんの種子が入っているらしい。種子の散布には小型の哺乳類や、アリ、シロアリなどがかかわっていると考えられている。

発芽したラフレシアは2～3年ほど宿主の根や幹の中ですごし、その表面に芽を出して、つぼみをつける。つぼみはキャベツのような鱗片(りんぺん)状の葉で被われており、幹の表面に現れてから開花までは数カ月かかる。

ボルネオの急斜面で見つけたラフレシアのつぼみ

ボルネオ島北部のラフレシア保護区を訪ねる機会があった。花を観察したいと思

い、熱帯林の急斜面を下っていった。ラフレシアはこのような急峻な斜面で見つかることが多い。土地は痩せており、林床は暗く、地面にはあまり植物が見当たらない。しばらく下ると、地面に直径8センチほどの、赤黒いキャベツに似た丸いつぼみを見つけた。種類はわからないが、ラフレシアのつぼみである。

根元の落葉を少しどかしてみると、宿主のつる植物が横たわっていた。付近にはすでに黒く朽ちた花もある。しかし、残念ながら開花しているものには出会えなかった。開花株にはなかなか出会えないという。雌株は少なく、ましてや果実の観察例はきわめて少ない。

（勝山輝男）

大空を滑空する種子

分布を広げる種子のさまざまな工夫

植物は動物のように自分で移動することはできない。そのため多くの植物は、自分の子孫である種子をより遠くへ運ぶしくみをもっている。風に乗って散布されるタンポポの仲間の綿毛は、そのわかりやすい例であろう。秋、子どもたちが服につけて遊ぶオナモミやセンダングサの類の〝ヒッツキムシ〟は、動物の体に付着し散布される。また、カンアオイやスミレの類は、種子にアリを誘引する物質を含むエライオソームと呼ばれる付属体をもち、アリにより散布される。

熱帯雨林の植物も、その種子散布のため、さまざまなしくみを発達させている。ウリ科のハネフクベやノウゼンカズラ科のソリザヤノキは、大きな翼をつけて、種子を滑空させ、散布距離を広げている。熱帯雨林の植物は果実のなる高さが高くなるため、これらの翼は種子の散布に有効に機能している。また、ラワン材として広く輸入されているフタバガキ科の樹木は、その果実の多くが、5枚の萼片（がくへん）の何枚かを羽根状に発達させている。ただ、この羽根は、種子を遠くへ飛ばすことよりも、樹上から落下した際の衝撃を和らげたりする役目を果たしているようである。

ハネフクベは、オオツルダマ、ヒョウタンカズラなどの名でも呼ばれているウリ科の大型のつる植物で、ニューギニアやインドネシア、フィリピンなどの河畔林に生育する。その種子は、世界最大の翼をもつ種子として知られ、さまざまな本に紹介されている。

ハネフクベの種子を入れる果実は、直径20センチを超える楕円形で、なかに翼をもつ種子が整然と並んでいる。この種子の本体は、長径30ミリ、短径20ミリほどの平べったい楕円形で、その周囲に少し湾曲した薄い膜状の長さ15センチにもなる翼がついている。種子が熟すと果実が開き、多くの種子がゆっくりと飛行しながら散布される。

グライダーの開発に貢献したハネフクベの種子

ハネフクベの種子は、人が手に持った高さからでも、十数メートルを滑空する。その滑空する姿は、ふわふわとじつに優雅であり、その飛行に関して航空力学の立場からも記述されている。また、グライダーを開発したドイツのエトリッヒと友人のウエルズは、ハネフクベの種子を入手し、その飛行原理を研究し、グライダーを開発する参考にしている。ハネフクベは、多少上下しながら、ゆっくり落下していく。その滑空の様子は、まさに天然のグライダーと呼べるものである。

ソリザヤノキの翼は、ハネフクベに比べると小さく、5～6センチほどであるが、散布高度の高い熱帯雨林の中では、高い散布能力を発揮している。

日本にも、ハネフクベやソリザヤノキほどではないが、これに似た種子を有する植物がある。シナノキやハルニレ、カエデ類などがそうであるが、樹木だけでなく、ウバユリやヤマノイモなど、草本にも知られる。しかし、残念ながら、これらの種子の翼はずっと小さく、ハネフクベほど優雅に滑空することはなく、風に吹かれて舞い散る程度である。

（田中徳久）

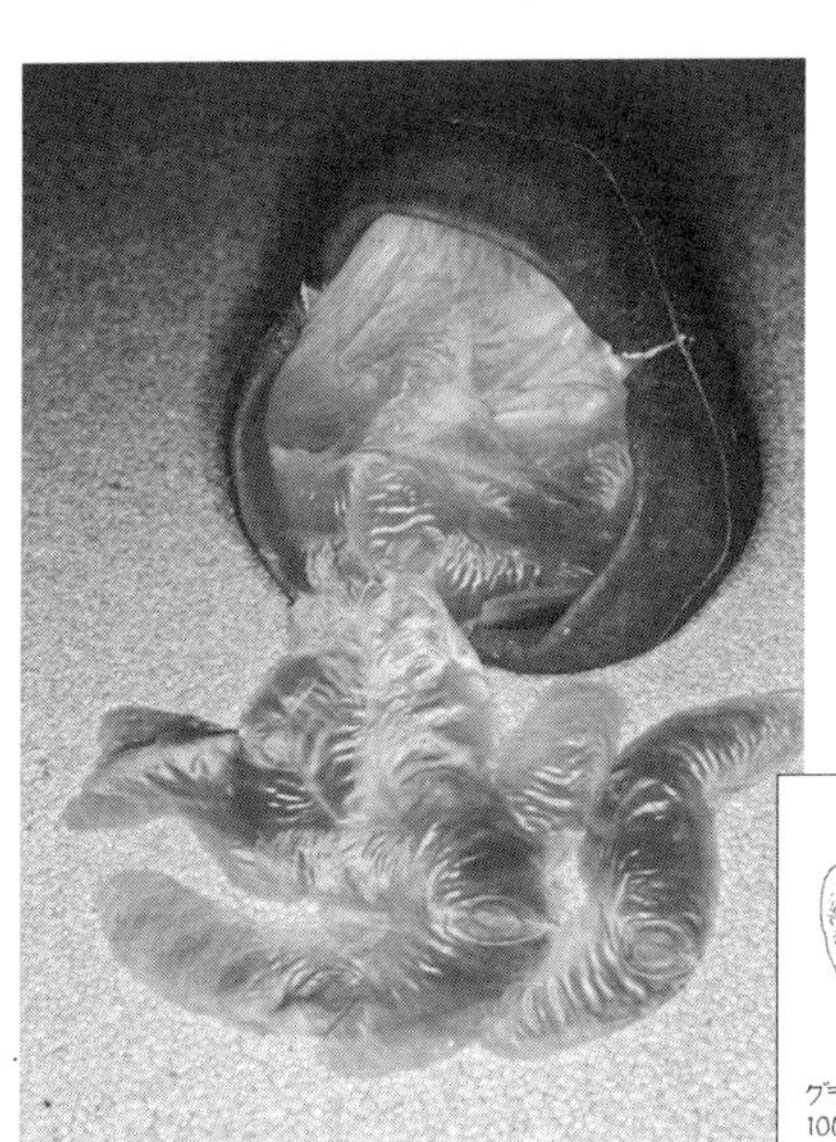

◀ハネフクベの
果実と種子

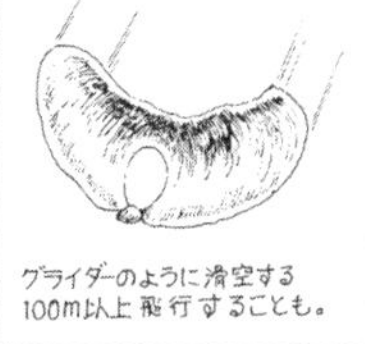

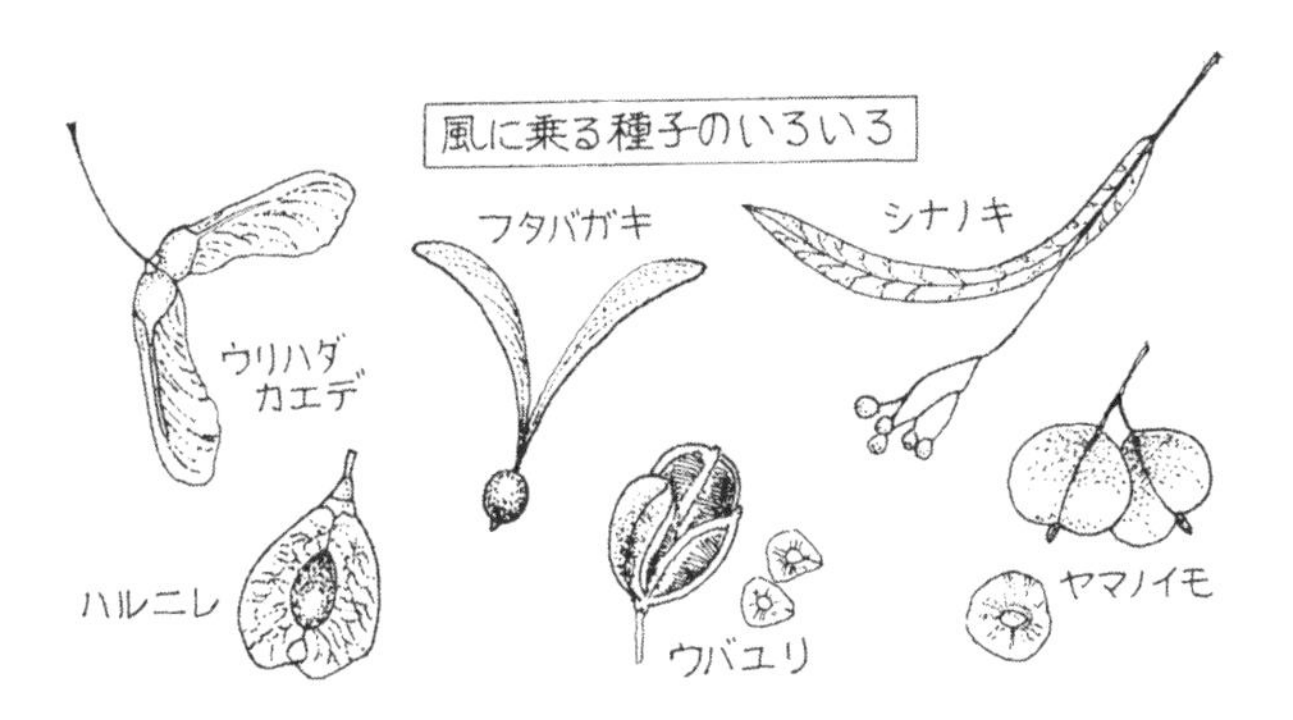

どこからが一枚の葉？

カニクサのつるは茎ではない

観察会でカニクサという変わったかたちのシダを見つけると、必ず参加者に「どこからが一枚の葉でしょうか？」と聞いてみる。するとたいていの人は、葉の一部である羽片を葉だと答える。カニクサは、つる状の葉が2メートル近く他の植物に這い上がるのだが、羽片が切れ込んでおり、しかも羽片の軸が他の植物にからみついていて、羽片が葉のようにみえるからだ。

なぜ羽片を葉だと思ってしまうのだろうか。ひとつには、多くのつる植物では、つるになって他の植物に巻きつく部分が茎であるためだろう。もうひとつには、ふ

つう1枚の葉がいくつかの部分（シダ植物では羽片、種子植物では小葉と呼ぶ）に分かれていてもそれらは一斉に開くので、カニクサのように1枚の葉の羽片が何ヶ月もかけて開いていくことが珍しいからであろう。

お正月の飾りに使われるウラジロという植物も、1枚の葉が何年もかけて開く。対になっているのは葉の一部の羽片であり、葉全体ではない。2枚の羽片の間にある芽のようなものは芽ではなく、まだ展開していない葉の軸の一部なのである。

葉と茎や枝はどうやって見分ける？

では、葉とその一部である羽片または小葉を見分けるポイントはどこにあるのだろうか。植物の基本的な構造は決まっていて、例外は極めて少ない。ということは、かたちではっきりわかる部分を頼りにすれば、どこまでが一枚の葉であるかがわかる。

まず、葉のつけ根の部分をさぐってみよう。葉は、葉身と葉柄、托葉からできている。ここで注目したいのは托葉である。托葉は、葉全体が茎と接するところにあり、葉の本体とは違う独特なかたちをしている。つまり、もし托葉を見つけることができれば、そこから上部が1枚の葉であることがわかる。

ただし、例に挙げたカニクサやウラジロのように托葉のない植物もあり、あっても小さくてはっきりとわからない場合もある。また、クズの葉のように、葉の一部である小葉にも、小托葉という托葉に似たものがあることもある。さらに托葉はさまざまに変形するため、わかりにくいことがあるので注意も必要だ。

木の場合は芽を探すことも重要だ。不定芽という例外を除けば、芽は葉の腋にしかできない。不定芽の場合でも、小葉の部分に芽ができることはないから、芽の有無は葉の一部分にすぎない小葉との区別に役立つ。それでもはっきりしなかったら、前の年の枝を見て、葉の落ちた痕（葉痕）をたどるとよい。葉痕は、枝のどこに葉がついていたかを示している。また、植物の成長にはパターンがあるので、前の年の葉が出ている位置から、今年の芽の位置を類推することもできる。

これだけ一枚の葉にこだわる理由はなぜかというと、それがわからないと図鑑が引けないためである。葉のかたちが合わなくて図鑑がうまく引けない時にはこのことを思い出してみてほしい。


（天野　誠）

サボテンの葉と茎はどこ？

大きさもかたちもさまざまな植物の葉

植物の葉は、ミジンコウキクサのような一ミリにも満たない小さな葉から、ヤシやバナナのような数メートルの巨大な葉まである。大きさも千差万別ならかたちもさまざまで、一部がエンドウのように巻きひげになったり、カラタチのように刺になっているものなどもある。

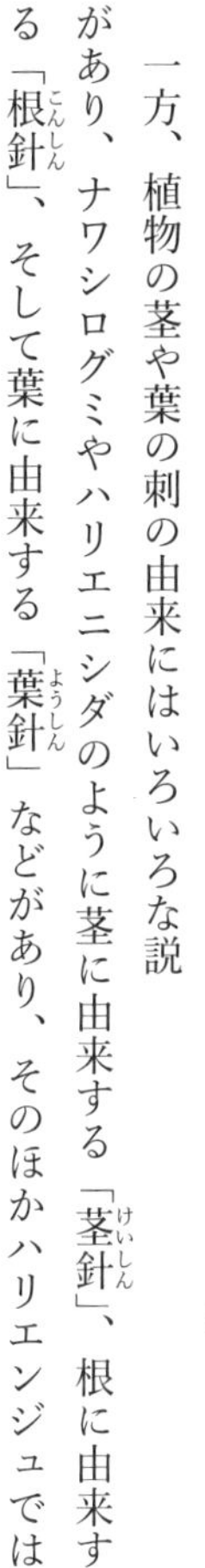

一方、植物の茎や葉の刺の由来にはいろいろな説があり、ナワシログミやハリエニシダのように茎に由来する「茎針（けいしん）」、根に由来する「根針（こんしん）」、そして葉に由来する「葉針（ようしん）」などがあり、そのほかハリエンジュでは

托葉に由来する刺をもっている。

サボテンの刺は、ニセアカシアやカラタチ同様に葉針である。では、なぜ葉が刺になったといえるのであろうか。

まず、たとえ扁平であっても、サボテンの、地上に直立した多肉質で太い緑色の部分は茎に相当することは容易に判断できる。次に刺をよく見ると、単独で一様に分布しているのでなく、必ず数本が束生していることがわかる。この刺のつけ根は「刺座」と呼ばれる。刺座のすぐ下には葉に相当するものがあり、刺座の位置は茎と葉の間、すなわち腋芽の出る位置にあるので、刺座は側枝に相当し、そこに生じる刺は葉の変形と考えられるのである。

乾燥に耐え、外敵から身を護る。二重の機能をもつ刺

では、サボテンの葉はなぜ刺になってしまったのだろう? サボテンといえば乾燥した砂漠を連想するように、あの太く短い茎は、葉を針状にし、植物体の表面積をできるだけ少なくして蒸散量を減らすには都合がよい。一方で葉がなくなった分、光合成は犠牲にしている。また、植物の少ない砂漠では、サボテンに刺がなければ格好の餌となってしまう。葉が刺になることは、乾燥に耐え外敵から身を護るという、二重の機能が推測されるのである。

砂漠のような乾燥地域にはサボテン科以外の植物も生えている。トウダイグサ科のユーフォルビアの仲間もその一つで、アフリカとアメリカの熱帯乾燥地域に分布し、刺をもち、姿はサボテンそっくりである。しかし、ユーフォルビアの刺は、葉ではなく枝や托葉、花柄の変形したものである。

また、南アメリカには乾燥だけでなく、暑さに耐えるよう工夫された葉をもつ変わった植物がある。それは、ツルボラン科のハウォルティアの一種で、多肉質の葉は暑さを避けるため地下にもぐり、地下の葉緑体に光を与えるため、半透明になった葉の一部がわずかに地上に顔を出す。そのために「窓型植物」といわれている。

サボテンは暑さと乾燥に強いだけではない。寒さに強い種類もあり、カナダの内陸部の寒冷な乾燥地に生えるサボテンは、マイナス50℃の凍結にも耐えられるという。

（大森雄治）

松葉のねじれは、どっち巻き？

右巻き？、それとも左巻き？

松葉をかたどった和菓子を見ていて、不自然に思った。図1のように、片方の葉は右巻きに、もう片方の葉は左巻きになっている。左右対称で安定感はあるが、本当はそうではなかったような……。

この「右巻き」、「左巻き」という呼び方は、使う人によって意味が違うことがある。アナログ時計のように同じ方向から眺める平板なものなら、誤解が生じる心配はない。時計回りが右回りで、反時計回りが左回りである。ところが、立体的な「らせん」を呼ぶときに混乱が生じるのである。

図1

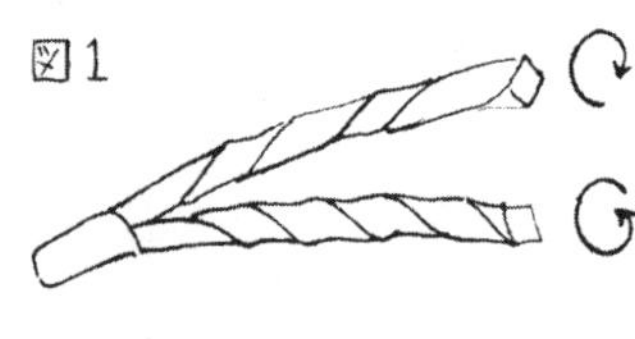

〈松葉形の和菓子〉

たとえば、アサガオの種子を植木鉢にまいて育ててみる。子葉が出て、本葉が出て、やがて、長く伸びた茎が支持棒に巻きつきはじめる。ふつう、アサガオは図2のaのように支柱に巻きつくものである。

この様子を植木鉢の上から見下ろしていると、茎が伸びるときには、反時計回りに回っているので、アサガオは「左巻き」ということになる。

ところが、同じアサガオを横から見ると、茎は左下から右上に向かって伸びていくので、「右巻き」に巻いているといってもよさそうだ。

今度は、あなたが小さくなって透明な支柱の中に入り、そこから茎が巻きつく様子を見た場合を想像してもらいたい。前を見れば茎は右下から左上に伸びていくので、「左巻き」のように思える。しかし、その支柱の中で上を見上げて見ると、時計回りに伸びているので、「右巻き」と呼びたくなる。

アサガオの茎の先端になったつもりで考えてみると、左側へ、左側へと伸びて

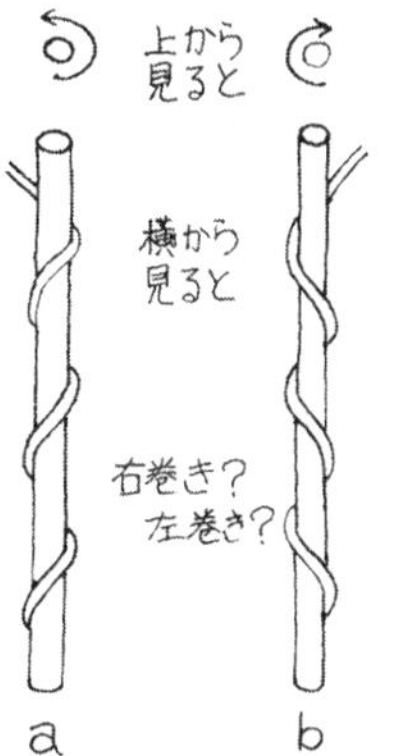

いっているので「左巻き」と主張したくなる。さて、どれも正しくて、説得力のある考え方に思える。なんとも身近なところに、簡単なようでややこしい問題が転がっていたものである。

単純に言葉の定義の問題であるが、厄介なことに図鑑によって、図2aを「右巻き」としているものと、図2bを「右巻き」としているものの両方がある。このごろは、支柱に巻きついたつる（茎）をネジに見たてて、成長するにつれて、右ネジの進むような巻き方（図2a）を「右巻き」、左ネジの進むような巻き方を「左巻き」にするように書かれていることが多いように思う。植物形態学だけでなく化学や物理学、工学などでもそのように使われているようである。したがって、この定義によるとアサガオのつるは「右巻き」ということになる。

松葉の和菓子の謎解き

ねじれの向きをどう呼ぶかという問題はさておき、ふつう蔓の巻き方や、つぼみの中で花びらが折りたたまれるねじれの向きは、種によって一定であることが多い。マツだって、でたらめな向きに葉をねじっているわけはないだろう。本当の松葉は、どういうかたちをしているのかをどうしても知りたくなった。松葉の和菓子を食べるのを少し待って、近くのアカマツの林に行き、落ち葉をよく観察してみた。

どうだったかというと、アカマツは二葉松なので、針のような葉が2枚ずつ組になって落ちるが、その2枚の葉は、必ず同じ向きにねじれているようである（図3）。片方の葉が右巻きなのに、もう片方の葉は左巻きになっているなんていう組み合わせがないかと思い、かなりたくさんの落ち葉を拾って調べたが、まったくなかった。みな、右巻き同士か、左巻き同士のペアになっていた。きっと、葉がつくられていく過程で、同じ向きにねじれるようなしくみがあるのだろう。

さらに、枝についている状態を見てみると、ほとんどの葉（9割以上）が同じ向きにねじれていた。しかし、同じ木の中でも離れた枝を比べると、違う向きにねじれていることがあるので、遺伝的にねじれる向きが規定されているようではない。いったいどのようなしくみで、葉がねじれる向きが決まるのだろうか。

（木場英久）

図3

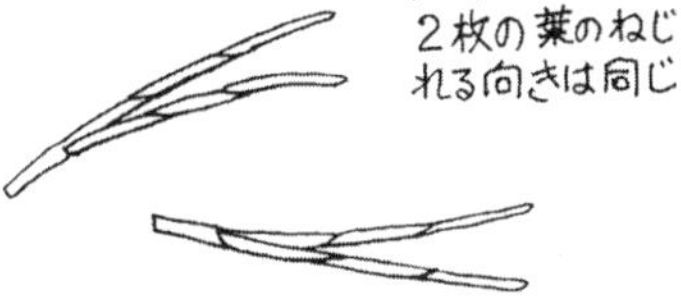

実際の松葉は2枚の葉のねじれる向きは同じ

ネギの葉はどこから表でどこが裏か？

葉に必ずしも表裏があるわけではない？

葉にはふつう表と裏がある。しかし、たとえばネギの葉先の筒状の部分や、マツ類の針状の葉は、どこが表でどこが裏だろうか。また、アヤメやスイセンの細長い葉は、どちらが表だろうか。即答するのは難しい。

ネギの葉を先端部から元のほうへたどると、途中で穴が開き、そこから新しい葉が出ている。その穴から下は葉が幾重にも重なっている。この部分は「葉鞘（ようしょう）」といわれる部分で、タマネギではここに養分が蓄えられ、それを私たちが野菜として利用しているのである。一方、ネギの葉の緑色の部分は、穴のすぐ上にある小さな突起を葉の先端とみなして、内部が長く突き出たものと考えられたり、葉鞘から葉の先端部まで葉の縁がくっついて細長い筒状になったとも考えられている。いずれにしても葉の表は内側のぬるぬるしたほうであり、外に出ている部分は、すべて葉の裏側ということになる。このように、外部に表か裏のどちらか一面しか出ない葉を「単面葉」という。

アヤメやショウブの葉は細長い剣状で、これは表と裏の2面あるように見える。しかし、葉の元のほうを見ると、茎に対し平行に扁平なのでなく、茎に直角に扁平である。これはネギの葉が押しつぶされて扁平になったものとみなされ、両面とも葉の裏側に由来する単面葉であるとみなされている。

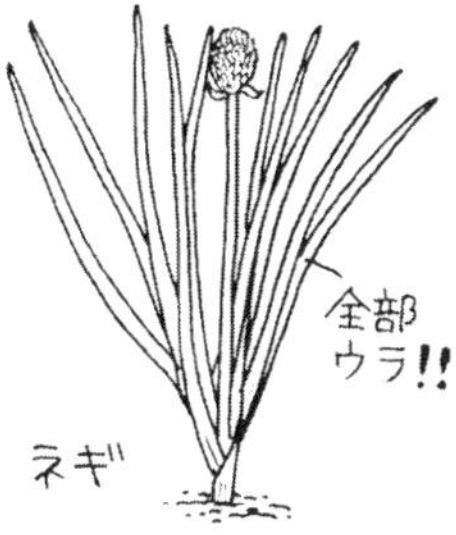

維管束（いかんそく）の向きで表裏を知る

子葉を除いて、葉はふつう茎から出て、茎に面したほうを表、反対側を裏という。シダ植物と種子植物の体の中には維管束と呼ばれる通導組織があり、導管のある木部と師管（しかん）のある師部が対になっている。そして葉の中では、原則的に導管のある木部が表側、師管のある師部が裏側に向いている。

そこでこの原則を知ったうえで、葉の断面を切って維管束の向きを観察すると、マツやスイセンなど外見的には表裏の区別がつかない葉でもその判断ができ、表裏のあることがわかる。

単面葉とまぎらわしいが、葉には、表と裏がありながら、表と裏が同じような形態と機能をもっているものがある。これは「等面葉」と呼ばれる。ブラシノキや、コアラのエサあるいは街路樹としても用いられるユーカリは、主に厳しい乾燥に見舞われる地域に生育する種類で、葉は、軸から垂れ下がり、しかも表面と裏面がほぼ同じ組織をもつ等面葉で、どちらから光が当たっても効率よく光合成ができる。

またふつう、葉の表と裏では内部の組織が異なっており、表側に多量の葉緑体を含む柵状組織、裏側に空気間隙が多く、気孔を通して気体の交換が行われる海綿状組織がある。受けた光を効率よく光合成に利用するためである。しかし、中にはわざわざ葉を反転させて、裏側を天に向けている植物がある。フウチソウとも呼ばれるウラハグサやヤマカモジグサなどである。ウラハグサでは葉の表側に毛が多く、裏側は光沢がある。内部の組織も逆転し、裏側に柵状組織、表側に海綿状組織が発達している。

（大森雄治）

イネ科なのに葉が対生している？ギョウギシバ

葉のつき方にも一定の規則がある

ギョウギシバを見ていたら、葉が対生しているように見えた。ギョウギシバは日当たりのよい草地に生えるイネ科植物である。茎が地面に長く這って一面に生え、踏みつけに強いので、ゴルフ場の芝生に使われることもある。

植物の葉は、ふつう茎のまわりに規則的に並んでいる。葉が茎に配列する様式のことを葉序（ようじょ）という。おおまかに分類すると互生、対生、輪生という葉序がある（94ページ参照）。茎に葉がつく部分を節（せつ）といい、1つの節に葉を1枚ずつつけるのを互生という。多くの植物は互生である。茎の各節の両側に向き合って葉をつけるの

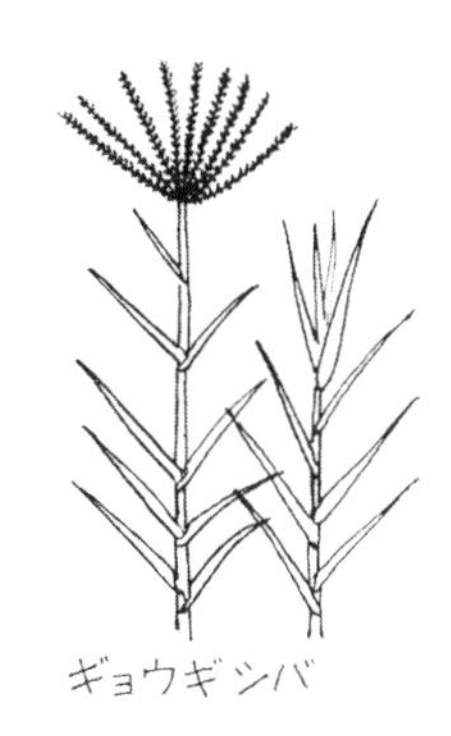

を対生という。シソ科、スイカズラ科、ナデシコ科などの植物が対生の葉序である。

一つの節に3枚以上の葉がつくのが輪生である。ツリガネニンジン、キョウチクトウ、クガイソウなどがその例である。

オオバコ科のオオイヌノフグリや、キク科のブタクサなどのように、若いうちは対生していても、成長するにつれて互生になっていくような植物もあるが、葉序は植物の種（しゅ）によって一定なことが多い。葉は茎の先端でつくられるので、発生上の制約があったり、できあがった葉が互いに重なって日陰をつくらないように、葉のつく位置を制限しているためであろう。

ギョウギシバは、たしかに互生だった！

話をもとに戻すと、私が見たギョウギシバは、一見すると対生しているように見えたのだが、問題なのは、イネ科植物だったら葉が互生するはずだということである。イネ科の葉は、葉身（ようしん）という平板状の葉の本体と、葉鞘（ようしょう）という茎を包む筒状の構造から成っている。

対生に見えたギョウギシバの葉をていねいにむいてみたら、合点がいった。節と節の間隔（節間）が、1つおきに短縮していて、ちゃんと互生していたのである。2つの節が近づいていたから、1カ所から2枚の葉が出ているように見えただけだったのである。

このように節間が1個おきに伸びる性質を、2節性の縮節という。直立する茎では葉身を対生していたほうが、左右に同じ力がかかってバランスを取りやすいのかもしれない。

余談だが、ギョウギシバは茎が直立している部分では2節性の縮節を示していたが、匍匐（ほふく）している部分では2つの節間が短く、次が長くなるというのを繰り返す3節性の縮節を示していた。こういう部分では、葉鞘の長さが微妙に異なり、葉身同士が重ならないようになっていたのである。なかなか変わったことをする植物である。

（木場英久）

節
葉身
葉鞘
ギョウギシバの縮節

あの葉もこの葉も同じ植物!?

1本の水草が厚い葉、薄い葉、浮く葉をもつ

水草の中には、何種類かの葉をもつ植物が存在する。そのうちの一部の種では、生まれたときから決まっているのではなく、その生育環境によって葉が変化する。ときには、これが同じ植物かと疑いたくなるほどにかたちを変えるものもある。このような、ひとつの植物に現れる2種類以上の異なるかたちの葉を、「異形葉」と呼ぶ。では、なぜそのような性質をもつ必要があるのだろうか？　それは、水草の生活環境と関連がある。

コウホネは、池や沼、河川、水路などに生育するスイレン科の水草だが、葉に関して記述するのは厄介な作業である。非常に変化に富んでいるからだ。池や沼などに生育する場合は、抽水葉（水中から空中へ突き出している葉）と沈水葉（水中に

沈んでいる葉）の2種類をもつことが多い。抽水葉は、厚みがあり、表面には乾燥を防ぐためのクチクラ層が発達している。一方、沈水葉は向こう側が透けて見えるほど薄くできており、空気を取り込むための気孔も退化している。沈水葉では、乾燥の心配がなく、光合成に必要な二酸化炭素は、葉の細胞から直接取り込むため、葉は薄くて表面積が大きいほうがよく、気孔は必要ないというわけである。

また、水深が深い場合などは、水面に浮く浮葉が多くなったり、流れのある河川や水路に生育する場合には、すべての葉が沈水葉になることさえある。柔らかい半透明の葉が流れになびいているその姿は、明らかに一般的なコウホネのイメージからはずれており、たいていの人は驚かれるに違いない。

このように、コウホネの異形葉は水深や流れによって、大きく影響されるようだ。水草の生育環境は、水中と空中という非常に異なる環境の境目にある場合が多いため、異形葉をもつことは、水草がその環境に対応するために、非常に有効な性質なのである。

渇水のピンチにも秘策がある強者

ヒルムシロ科のヒルムシロは、空中つまり乾燥状態への対応という意味では、より優れた能力をもつ。この植物は池や沼、河川などに生育し、通常は浮葉と沈水葉からなるが、渇水などによって水位が低下してくると、陸生葉と呼ばれる肉厚で表面にクチクラ層が発達した葉をつけ、あたかも陸上の植物のような姿に変わってしまう。水草であるヒルムシロの葉は当然、長い時間の乾燥には耐えることができないが、陸生葉をもつことによって、生き延びられるのである。

このような性質に遺伝的な要因がどの程度影響しているのかは明らかでない。しかし、ひとつの地域に生育するコウホネの個体群の中でも、流れの中ではすべて沈水葉、淵では抽水葉と沈水葉という、個体による差がみられることがあるため、生育環境の違いが大きく影響していることは間違いない。このような性質は、水草の分類研究を難しくしているのだが、逆に水草のおもしろさの源でもあるのだ。

（田中法生）

双子葉植物の双葉は必ず二葉か

「ふたば」といっても1枚も3枚もある

「栴檀(せんだん)は双葉より芳(かん)ばし」のことわざどおり、種(しゅ)の性質は芽生えたばかりの双葉でさえ備えている。しかし、双葉はアサガオなどの栽培でご存知のように、多くの場合、かたちが単純で、本葉とは異なるものであり、双葉だけではどんな植物になるか見当がつかないことも多い。

双葉は植物学では「子葉」と呼ばれ、発芽した植物の最初の節にできた葉を指す。ほとんどは本葉が出ると枯れてしまい、植物の一生のほんの一時期の役割を果たすにすぎないが、この子葉の数は、19世紀末から近年まで「被子植物」が双子葉植物と単子葉植物に二分される分類体系の重要な基準の一つであった。

分子系統学の研究の進展に伴い、これまで双子葉類とされてきた植物は、スイレン科やモクレン科などからなる原始的被子植物群と、バラ科、マメ科、キク科などその他多くの双子葉類からなる真正双子葉類に分けられ、単子葉類はその間に位置づけられている。単子葉類という分類群は現在も変わらず生かされている。

分類にも子葉のかたちにも例外がある

分類学上重要な形質ではあっても例外はつきもので、双子葉植物ながら子葉が1枚のものには、早春の植物ニリンソウや、高山植物のコマクサ、ヤブレガサなどがある。逆に3枚以上の子葉を出すものもあり、ヤドリギ科の一種では8〜11枚もの子葉が出る。これらは「種(しゅ)」の特徴であるが、中には3枚以上の子葉が当たり前の「属」もある。日本の代表的な海岸植物であるトベラを含むトベラ属である。

ニュージーランドのトベラ属は、9種中5種が3枚から5枚の子葉をもち、双子葉(2枚)のものは皆無である。一方、日本など、ニュージーランド以外の地域では、双子葉以外のトベラは見つかっていない。こうしたトベラ属での子葉数が3枚以上になる多子葉性は、ニュージーランドで生まれた新たな性質ということになる。

多くの場合、子葉のほうが普通葉に比べ単純なことが多く、鋸歯(きょし)(葉の縁のギザギザ）があったり、複葉のような複雑な形状にはなることはほとんどない。例外として、ボダイジュでは掌状、オランダフウロでは羽状複葉である。サボテンなどの多肉植物では葉が退化、あるいは変形し、葉とはとうてい思えないトゲや針になるが、子葉だけは葉状である。

変わり種はイワタバコ科の一種ウシノシタ（南アフリカ原産）で、2枚の子葉が出るものの、一方はすぐ枯れてなくなり、もう一方の子葉は長さ90センチにも成長する。しかもいわゆる本葉は出ないので、これがこの植物の一生で唯一の葉なのである。

（大森雄治）

茎はなぜ丸いのか？

――四角い茎と三角の茎

円形、四角形、三角形どれが一番強い？

多くの植物の茎の断面は丸くなっている。しかし、中には三角形や四角形の茎をもつ植物もあり、またニシキギのように四方に翼と呼ばれるヒレをもつものもある。このことから、野草を見分ける初歩として、茎のかたちで見分ける方法がある。たとえば、細長い葉をもつ単子葉類で、茎が三角形をしていればまずカヤツリグサ科を考え、対生する葉をもつ双子葉類で、茎が四角いとシソ科を思い浮かべる、といった具合である。

しかし、なぜ多くの茎は丸いのだろうか？　地面から直立した茎は、あらゆる方向から風を受ける。円形であれば、どの方向にも一様な力が働き、風に吹かれるままに曲がって柔軟に対応できる。しかし断面に方向性があると、いつも特定の弱い

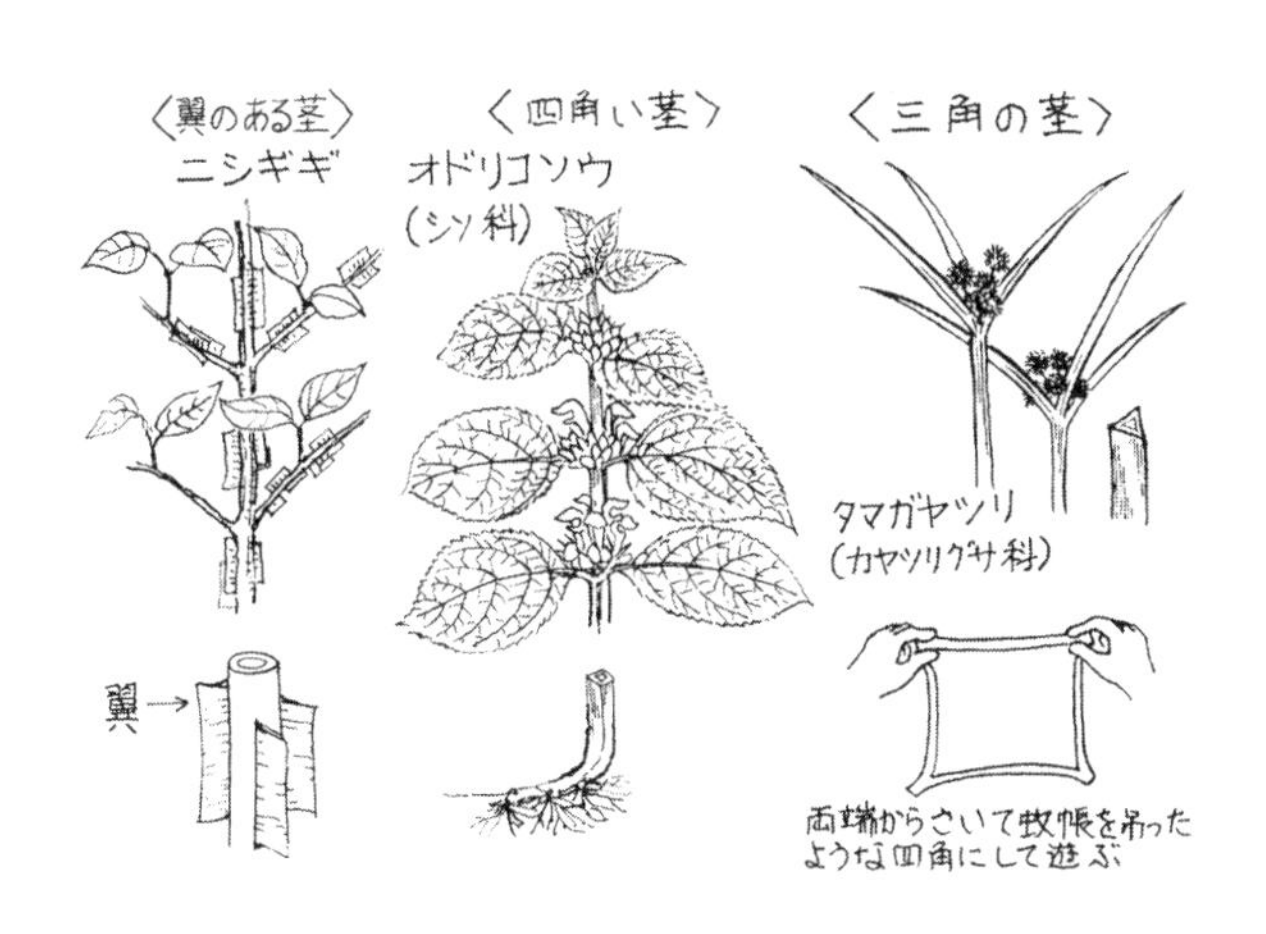

方向に曲がり、折れる危険性が高い。その点では円形断面が優れているといえる。
　ところが、材料力学的には、断面積が同じ場合では円形よりも正方形のほうが、曲げに対して強いということが計算されている。しかも四角い茎では四隅に厚い表皮や維管束などの硬い構造があって茎を支えているので、さらに強い構造であるといえる。
　三角形の場合はさらに、同一の断面積では四角形よりも強く、そのうえ四角形同様三角形の隅の表皮が厚くなって、茎を支えている。

葉のつき方や隣の葉の角度に一定の法則

植物の葉のつき方や枝の出方には、それぞれ葉序、枝序と呼ぶ規則性がある。三角や四角形の茎は、そのような規則的な配列をするのに、円形より都合のよいかたちである。

ふつう葉は光合成をするための器官であり、どの葉にもまんべんなく光が当たるよう配置されていたほうが都合がよい。葉が茎に不規則についていたのではそれは望めないので、葉は重ならないように、適当な間隔をおいて適当な角度でついているのである。

葉序を大別すると、輪生と互生がある。葉が茎につく部位を節(せつ)というが、タケの節(ふし)のように必ずしも輪になっているわけではない。輪生葉序は1つの節に2枚以上の葉がつく葉序をいい、とくに2枚の場合を対生という。3枚では三輪生、4枚では四輪生となる。互生葉序は、1つの節に1枚の葉がつくもので、葉のつけ根の位置を下から順にたどると、葉は茎の周りをらせん状につき、隣の葉との位置関係は決して不規則ではなく180度、120度、144度、135度などと決まった角度で出ていることがわかる。

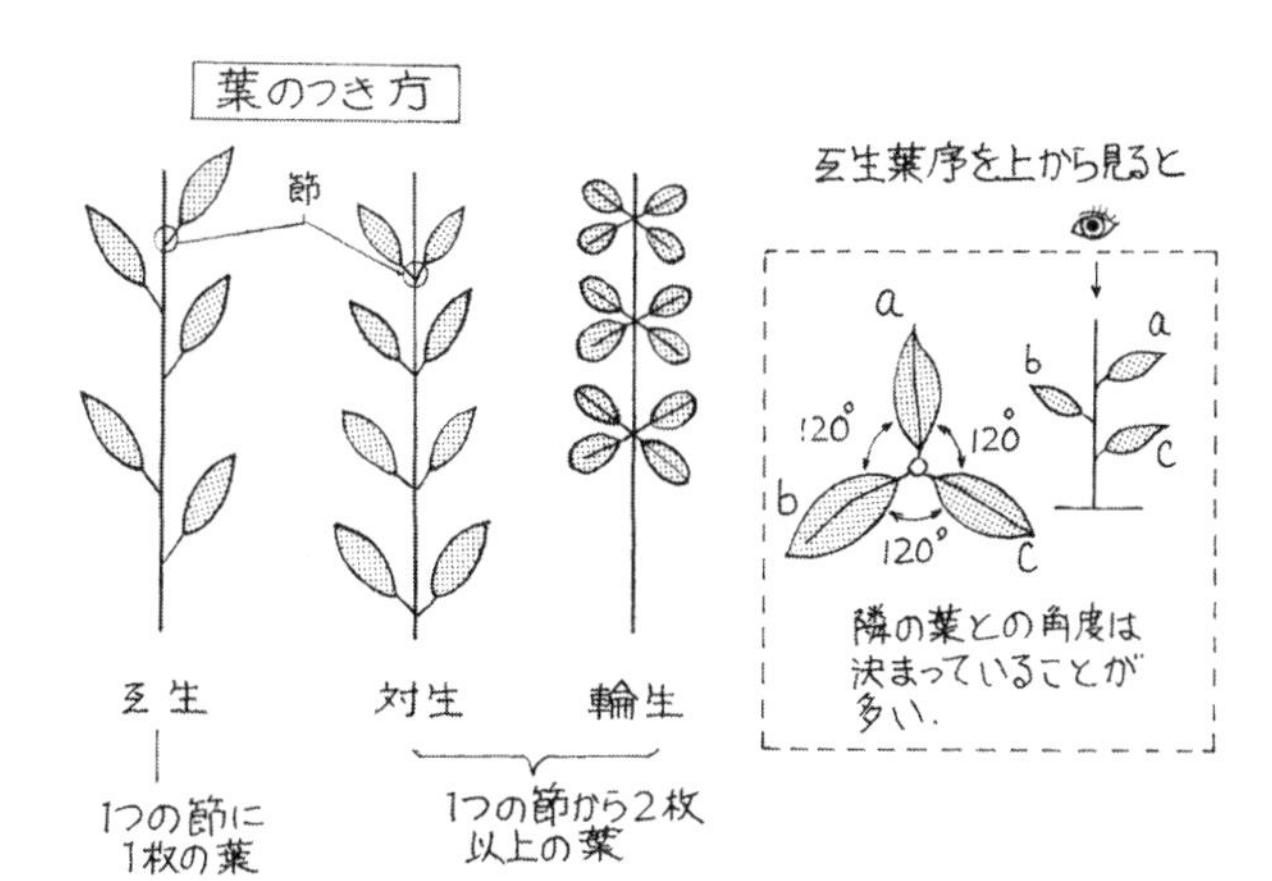

試みに、葉芽の先端を輪切りにし、その横断面を見ると、展開する前の若い葉が規則的に並んでいることがよくわかる。あるいは芽は枝が伸びるにつれて葉が外側から開いていくので、展開した葉を順にたどって葉の配列を調べられないこともない。しかし枝の出た位置、方向などによって枝にはねじれが生じることが多い。たとえ枝にねじれが生じても、三角形や四角形の茎なら葉序の観察は容易だが、円形の伸びた枝で葉序を調べるのは難しい。

（大森雄治）

植物はなぜ凍らない、なぜやけどをしない？

海岸の熱さ、山火事の熱さにも耐えられる

夏の海岸では、裸足で砂浜や岩の上を歩くことができないほど表面が熱くなる。ほとんど50℃や60℃になっているはずである。にもかかわらず、岩の上を這うイワダレソウ、砂地を這うツルナやハマヒルガオなどは、しおれることも枯れることもない。葉の表面の光沢や毛が光を反射し、気孔からは水分を蒸散させて体の温度を下げているのである。

山火事の熱を利用して芽生える植物も知られている。北アメリカでタイガを構成するマツ科のジャックパインは、種子が成熟しているにもかかわらず、球果、いわ

ゆるマツボックリは開かず、何年も親の体についたまま留（とど）まる。大森林では数十年に一度の頻度で落雷による山火事が起きる。ジャックパインの球果は火事で暖められると初めて開き始め、しかも火事が起きてから数時間後にやっと種子を出す。裸地となった大地にまかれた種子は、さえぎる木々もなく明るく競争者のいない中で、すくすくと成長できるというわけだ。

細胞までは凍らせないのが耐凍の秘訣

一方、気温が氷点下に下がったとき、植物はどのように対応しているのであろうか？　一つは、地上部を枯らし、地表よりおだやかな温度環境である地中ですごす。もう一つは凍結しない能力を身につける。もしくは凍結しても耐えられる能力を身につけるの三つである。多年草などは越冬芽を地中につくり、一つ目の方法で凍結が回避できるが、樹木ではそうはいかない。

生物は細胞の内部が凍ると解凍しても生き返ることはない。液体窒素で瞬時に凍らせた金魚を水に戻すと、それがあたかも生き返ったようにみえるのは、金魚の外側が凍っただけで、体内の細胞までは凍らなかったからである。樹木ではこれを利用する。

たとえば北海道の厳冬期には、大木の幹の中心部の温度はマイナス2～3℃にまで下がる。植物の体は動物と異なり、細胞がぎっしり詰まっているのでなく、呼吸や光合成のために細胞と細胞の間に細胞間隙（かんげき）という隙間がある。ここに細胞内の水分が浸み出てきて凍るので、金魚の実験と同じように、細胞の外側だけが凍ったことになる。この凍結に耐える能力の限界は、植物の種や部位によって異なるが、暖温帯の草本や常緑広葉樹でマイナス5～20℃、冷温帯の落葉広葉樹や針葉樹でマイナス30～50℃である。

また、一般的な現象で、水や水溶液が氷点以下の温度になっても凍らないことがあり、これを過冷却と呼んでいる。導管や木部など、細胞間隙がほとんどなく細胞外凍結ができない組織では、常緑広葉樹でマイナス15～20℃までが過冷却であり、細胞内は凍らない。それが冷温帯落葉広葉樹のミズナラでは、マイナス40～45℃まで凍らない。

寒さや暑さに応じて移動できない植物は、動物には真似のできない能力を身につけ、環境の変化に順応してきたのである。（大森雄治）

摩訶不思議、光るキノコはなぜ光る?

ツキヨタケの光で小さな字も読める

生物が発光する現象は、ホタルやホタルイカなどでは詳しく調べられており、その役割や発光物質なども解明されている。発光生物は動物に多く、植物ではまだ知られていない。ヒカリゴケやヒカリモは光の反射によるものなので発光とはいえず、動物以外で光るのは、キノコである。

日本にはツキヨタケやアミヒカリダケ、小笠原ではグリーンペペの俗称があるヤコウタケなど、数種の発光キノコが知られている。また、食用菌としてもよく知られるナラタケは菌糸束(きんしそく)が光る。キノコが光るのは、夜行性の昆虫を誘い、胞子を運んでもらうため、逆に昆虫や小動物を寄せつけず身を守るため、などと推測されてきたが、少しずつ解明されつつある。

ツキヨタケは日本の代表的な発光キノコであり、毒キノコとしても有名である。昔からよく知られており、今昔物語にも「ワタリ」という古名で登場し、毒キノコとして物語に一役買っている。

ツキヨタケはブナの枯れ木、多くは立ち枯れた幹に群生する。発光はさほど強くないが、群生すると見事である。光の強さを調べるのに、ツキヨタケの発光部分の面積が約100平方センチになるものを暗室に置いたところ、2~3ミリ大のローマ字や5ミリ程度の小さな漢字まで読むことができたという。また、大型のツキヨタケは30メートル離れた場所からもその光が確認できたそうである。

「天上の光」、シイノトモシビタケ

ヤコウタケは熱帯のキノコで、タケやヤシの仲間などから生えることが多く、東京近辺でも鉢植えのフェニックスなどから発生することがある。植物学者チャールズ・ライトが1854年に小笠原諸島で多くの植物とともに採集したのが最初の記録で、今では東南アジアに広く分布していることがわかっている。

また、世界でも八丈島だけで記録され、ここでは「鳩の火」という幻想的な名で呼ばれている発光キノコは、シイノトモシビタケである。スダジイの古木の枯れた枝に点々と並んでいる様子は、学名ミセナ（クヌギタケ属）・ルックスケリが意味する「天上の光」そのものである。梅雨時と初秋の2回発生し、光はかなり強い。八丈島から枯れ木についたままのシイノトモシビタケを三浦半島の常緑樹の多い雑木林に置いたところ、材が朽ちるまでの数年間は、毎年2回キノコが発生した。

発光キノコはどうやって光るのだろうか。動物のように特定の発光器のような器官があるわけではなく、全体あるいは菌糸束が光る。すべて細胞の中で発光するので、細胞内に発光物質ができたから光るとしか考えられないという。これまでキノコの発光物質と発光のしくみはホタルと同様、ルシフェリン‐ルシフェラーゼ反応であることが確認されていたが、その正体は長い間、不明であった。発光キノコのルシフェリンとルシフェラーゼの化学構造が明らかにされたのは、2015年と2018年のことである。（大森雄治）

第2章

植物が繰り広げる おどろきの生活

意外に長い「春の妖精」の一生

都市近郊の雑木林でも見られる春植物

雪深い深山の、ブナやミズナラを主体とする冷温帯の落葉広葉樹林の林床では、春の訪れとともに、「春の妖精」（スプリング・エフェメラル）あるいは単純に「春植物」と呼ばれるカタクリやアズマイチゲ、キクザキイチゲ、ヤマエンゴサクなどが、清楚でかれんな花々を咲かせる。これらの植物は、雪が解けるとすぐに地上に姿を現し、花を咲かせ、消えていってしまう。

カタクリなど、こうした「春の妖精」と呼ばれる植物の一部は、都市近郊に残さ

れたクリやコナラを主体とした雑木林にもその姿を見ることができる。イチリンソウ、ジロボウエンゴクサクなどもその仲間である。これらの雑木林の春の妖精は、冷温帯の落葉広葉樹林から移住してきたものである。雑木林も、冬に葉を落とす落葉広葉樹であるという点では、光の条件は冷温帯の落葉広葉樹林と同じであり、春の妖精の移住に適していたのである。

春に貯蔵した養分を地下でじっくりと蓄える

春の妖精が地上に姿を現しているのは、林の樹木が葉を展開するまでのわずかな期間である。樹木の葉が生い繁り、林床が暗くなる初夏には、地下部を残して消えてしまう。このわずかな期間に芽を出し、葉を広げ、生活に必要な養分をつくりだし、それを地中の根茎や鱗茎(りんけい)に蓄え、次の年に備えるのである。すなわち、これらの春の妖精の一年は、落葉広葉樹林の光条件の周期的な変化と密接に関係している。つまり、樹冠を被う落葉広葉樹の生活史と完全に一致している。

春の妖精を代表するカタクリでは、葉を展開する3〜4月に、鱗茎に蓄えられているデンプンの量が急激に増大する。花を咲かせたり、果実を実らせるために、その一部は消費されるが、短い期間に蓄積するデンプン量は相当なもので、この蓄積されたデンプンが、翌年の短期間での急激な生長を支えている。カタクリは、本格的な春の訪れとともに姿を消してしまい、翌年の春、一瞬の春を謳歌するため、夏から秋、冬にかけて1年の大部分にあたる10カ月の月日を地中で休眠してすごしている。

しかし、花を咲かせるための準備は、1年では終わらない。花を咲かせ、果実を実らせるのに必要な養分は、短い一度きりの春だけですべて貯められるとは限らない。カタクリでは、種子が発芽し、花を咲かせられるほどの個体に生長するまでに、8～10年ほどかかる。その期間は、毎年の春、どれくらいの養分を貯蔵できるかに左右される。花や果実に投資するに値する十分な貯金ができると、花を咲かせ、果実を実らせるのである。その意味では、春のはかない命と思われたカタクリも、その大部分は土の中で過ごす一生であるが、じつは長い一生を送っているのである。

（田中徳久）

葉緑体をもたない植物
――ギンリョウソウ

全身に白装束をまとった、別名「ユウレイタケ」

晩春の野山を歩いていると、湿った林床に、全身が白い、首を垂れたような花をつける不思議な植物に出会うことがある。別名「ユウレイタケ」とも呼ばれるギンリョウソウである。

ギンリョウソウは緑色の葉も茎ももたず、うろこのような白い葉をつけて、茎の先に比較的大きな花を1つつける。下向きにつく花を龍の首に、鱗片(りんぺん)状の葉を龍のうろこに見立てて「銀龍草」の名がつけられている。別名のユウレイタケは、薄暗い林床にぼおっと浮かび上がるように立つ姿を幽霊に見たてたものである。

ギンリョウソウが全身白色をしているのは、葉緑体をもたないからである。我々が通常見かける植物は、緑色をしている。緑色は葉緑体に含まれる葉緑素の色であり、葉緑体の部分で太陽のエネルギーを使って水と二酸化炭素からでんぷんなどの養分をつくり出す。

ところがギンリョウソウはこの葉緑体をもたないというのだ。それではいったいどのようにして養分を得ているのであろうか？　じつはギンリョウソウは、落ち葉などが腐ってできた腐葉土の養分を菌類を介して得ることにより生長し、花をつけているのである。

菌類が共生する、おがくずのような根

ちなみにギンリョウソウの根元を掘り起こしてみると、ふつうの植物にあるような根は見られない。細かいおがくずのようなものが、丸く固まっているだけなのだが、これがギンリョウソウの根である。ギンリョウソウの根には落葉分解性の担子菌や子のう菌と推定される菌類が共生しており、腐葉土の栄養を菌類を通して吸収している。さらにこの菌類は、ブナ科の植物に外生菌根をつくってつながっていた

との報告がある。つまり、菌が2種の植物をつないでいることがわかったのである。ギンリョウソウのように、腐葉土などの養分を、菌類に頼って得ることで生活している植物を「菌従属栄養植物」と呼ぶ。以前はそのような植物は「腐生植物」と呼ばれていたが、腐葉土の養分を直接得ているわけではないことから、現在は「菌従属栄養植物」と呼ばれるようになった。

花が終わり、果実の時期になると、ギンリョウソウは、それまで垂らしていた首をまっすぐにもたげる。直立した果実からは大量の細かな種子が散布される。しかし、ギンリョウソウを人工的に栽培するのはむずかしく、これまで栽培に成功したという話を聞いたことがない。

幽霊のように思わぬところで出会う植物、それがギンリョウソウである。

（池田　博）

菌類に養われるクロヤツシロラン

横浜で見つけたクロヤツシロランの果実

11月の初旬であった。横浜の丘陵地で自然観察を行っている友人から、「ラン科植物の果実のようなものを見つけた」という知らせを受けた。さっそく見に行くと、暗いスギ林の中に高さ15センチほどの茎があちこちに顔を出している。根元の落葉をどけてみると、長さ3～4センチの紡錘形をした塊茎（かいけい）があった。クロヤツシロランである。どんな花が咲くのだろうと興味をひかれ、花を観察するために茎に目印をつけ、位置を正確に記録しておいた。

翌年、9月末に花を探しに行ったが、これがなかなか見つからない。地面に這いつくばるようにして、落葉の間をたんねんに探し、ようやく花を見つけることができた。花茎は高さ3センチ、花の直径は1センチほどで、色は落葉と同じ茶色である。一つ見つけると目が慣れてくるのか、たて続けに数個体見つけることができた。根元の落葉をどけてみると、紡錘形の塊茎が出てきた。塊茎の花茎と反対側には、昨年のものと思われるひと回り小さい塊茎がついていた。

今年の塊茎と昨年の塊茎の間からは、直径1ミリほどの白い根のようなものが4本伸びている。その根のようなものには落葉がからみつき、落葉と根のようなものとの間は、菌糸のようなものでつながっている。また、根のようなものの所々には、小さな蛆虫（うじむし）のような粒がついていた。昨年秋に果実を見つけたときには、この根のようなものには気づかなかったから、晩秋に果実が

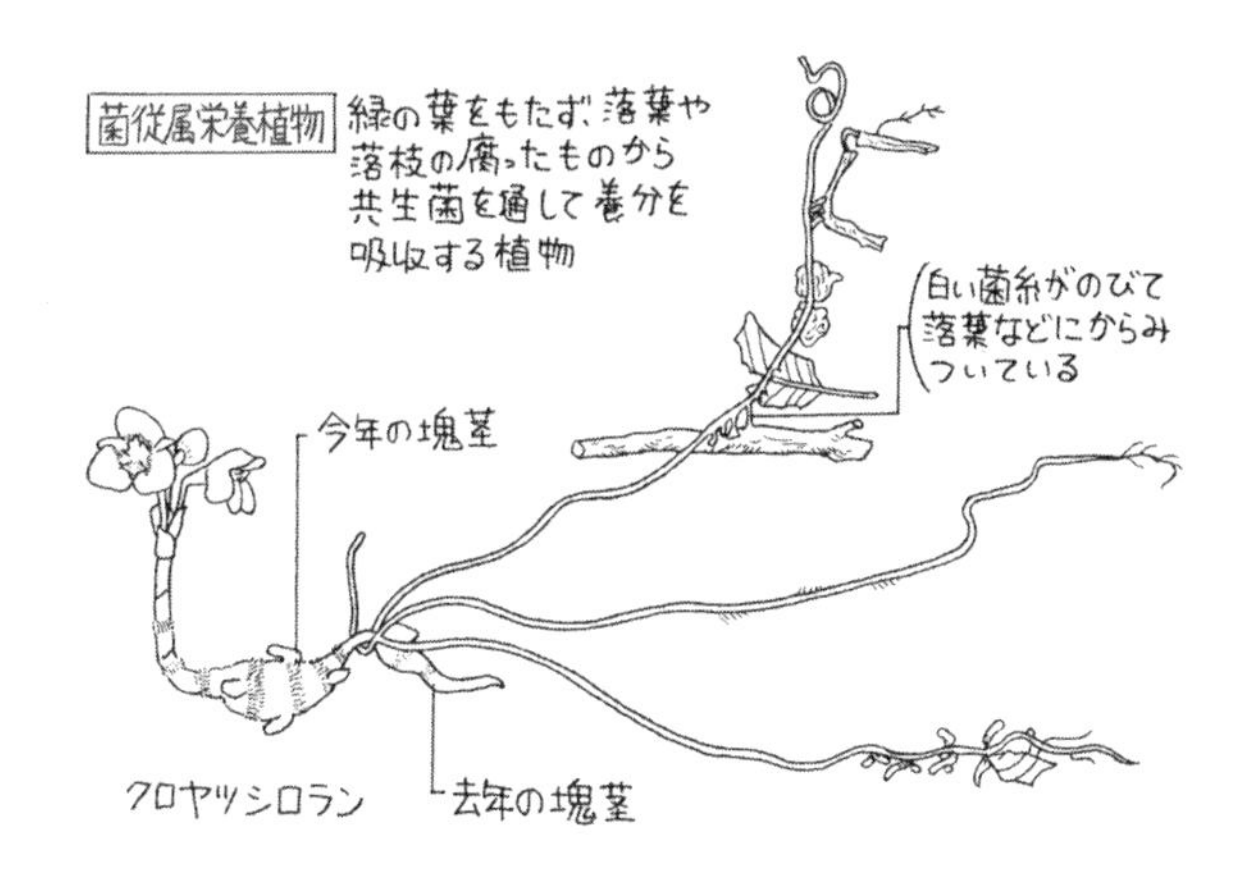

熟す頃には役目を終え、きわめて簡単に切れてしまうのだろう。この根のようなものがいつ頃から伸び始め、どんな役割を果たしているのかと疑問に思い、継続して観察することにした。

翌春5月に見に行くと、落葉の間に塊茎があるだけだった。ようやく6月半ば頃になって、塊茎の昨年花茎が伸びていた側から、4本の根のようなものが伸び始めた。そのうちの2本には落葉や落枝がからみつき、白い菌糸でつながっていた。夏の間に菌類から養分を吸収し、吸収した養分を新しい塊茎に貯え、秋になって新しい塊茎の先に花茎を伸ばすのであろう。その結果、花期には塊茎の花茎と反対側に昨年の塊茎が残り、今年の塊茎と昨年の塊茎の間から、根のようなものが伸びていたと思われる。ただし、根のようなものの所々についていた小さな蛆虫のような粒が、栄養繁殖のためのものかどうかは確かめることができなかった。

光合成をやめた菌従属栄養植物たち

ラン科植物はもともと菌類と共生し、菌根を形成しているので、前項に出てきたギンリョウソウのように、緑の葉のない菌従属栄養植物になる素質があるといえる。

オニノヤガラ、ツチアケビ、サカネラン、タシロラン、ショウキランなどは完全に葉緑素を失っているが、マヤランのように花茎は緑色で、まだ光合成を行っていた頃の名残をとどめているものもある。おそらく、はじめは光合成産物を菌類に与え、菌類からは窒素などを得て共生していたのであろう。それが、いつからか光合成をやめてしまい、生育に必要な養分のすべてを菌類に頼るようになってしまったのだ。

クロヤツシロランと同属の菌従属栄養のランにオニノヤガラがある。オニノヤガラは菌類のナラタケから養分を得ている。オニノヤガラにとってはナラタケが不可欠だが、ナラタケにとってはオニノヤガラは必ずしも必要がない。つまり、オニノヤガラはナラタケに養われていることになるわけだ。また、クロヤツシロランを養っているのはクヌギタケ属やホウライタケ属などの特定の菌類といわれている。

（勝山輝男）

キノコと植物の密やかな関係

キノコの存在は、かくも大きい

　多くの生き物は、互いに助け合って生きている。植物と菌類との関係も例外ではない。たとえば、高くなる木は、たいてい「菌根」をもっている。菌類（キノコやカビ）と植物の根が、密接な共生関係を結んだことによって、植物は無機栄養分を取り入れることが容易になり、菌類は植物から有機栄養分を分けてもらうことができるわけだ。

　北半球で見られる森林の主な構成種の大半は、菌根をもっている。南半球のオーストラリア大陸にユーラシア大陸の木を植えると生育が悪いそうだが、その原因の一つは「オーストラリア大陸には菌根をつくる菌類が乏しいため」といわれている。植物の成長過程で、いかに菌根の存在が大きいかを示唆している。

菌根は「外生菌根」と「内生菌根」に分けられる。外生菌根の場合、菌は細胞の間には侵入するが、細胞内には侵入しない。一方の内生菌根では、菌糸は細胞の内部にまで侵入する。木が菌根をつくるパートナーはたいてい、あらかじめ決まっている。特定の林に特定のキノコが生えるのもそのためだ。

マツタケは菌根性のキノコで、簡単に人工培養することはできない。近縁なキノコが必ずしも近縁な樹種につくとは限らない。マツタケと同属のバカマツタケはマツ林ではなく、ブナ科の広葉樹林に生え、場所を心得ないので、この名前がつけられた。味の方はマツタケと遜色なく、匂いはむしろ強いくらいである。

▲バカマツタケ　© 大作晃一

「寄生し」「寄生される」植物とキノコの関係

冒頭で「植物と菌類は互いに助け合っている」と紹介したが、じつは、菌類はいつも植物と共存しているわけではなく、その間には「寄生」の関係もある。どう猛なナラタケなどは、木に病気（樹木のナラタケ病）を引き起こしてしまうキノコだ。だが、ナラタケのさらに上をいく強者（つわもの）もある。秋の雑木林に赤いソーセージのような果実をぶらさげているツチアケビがそれだ。ナラタケがツチアケビの根に侵入してくると、それを消化してしまう。逆に食い物にするわけだ。マツタケも多少なりともアカマツの成長に悪い影響を与えるようで、寄生と共生の境界はあいまいだ。

キノコの中には、共生の相手、または寄主として、生きた植物を必要としないものも多い。シイタケ、ヒラタケ、ナメコ、エノキタケ、マイタケなどはその一例である。さかんに栽培され、安価で大量に出回っているが、同じ人工栽培でも「原木栽培」と「おがくず栽培」では微妙に味が違う。ただ、どちらにしてもやはり野生のものと同レベルの味にはならず、天然ものの価値は失われていないようだ。

キノコ狩りをするとき、狙うキノコの種類によっ

て、行く森が異なる。これは若い林を好むキノコと、年寄りの林を好むキノコがあるからだ。マツタケやハツタケは、樹齢の若い林を好む。ブナ林やマツ林などは、食用キノコがたくさん採れるが、スギ林には見るべき食用キノコはないといわれている。

（天野　誠）

寄生植物ヤドリギはどこで芽を出すか？

世界中で約３４００種が寄生生活中

冬にすっかり落葉したケヤキやエノキなどの樹冠の中に、ときに緑色のかたまりが見られることがある。よく見ると、緑色の小さな葉で赤または黄色く丸い果実があり、明らかにケヤキやエノキのそれではない。半寄生植物のヤドリギである。

ふつう植物の果実や種子は、地面に落ち、そこで芽や根を出す。しかしヤドリギの果実は宿主の枝や幹の上に付着しなければ発芽しない。地面に落ちて幹をよじ登るわけにはいかない。そこでヤドリギは鳥を利用した。ヤドリギの果実は甘く、鳥の絶好の餌になる。食べられた果実は外側の肉質の部分だけが消化され、粘液に包まれた果実の内部が排泄されるが、粘性のため鳥の肛門から簡単には落ちない。鳥がお尻から糸を引きながら飛んでいるうちに、宿主の枝や幹に付着するのである。

地面に落ちず無事宿主に付着した果実の中の種子は、発芽して宿主の樹皮を破って幹や枝の内部に「寄生根」と呼ぶ根を伸ばし、維管束付近にまで侵入する。ヤドリギは葉や茎は緑色なので、ヤドリギ自身も当然光合成を行っているが、水や栄養塩類を宿主から得ているので、「半寄生植物」と呼ばれる。寄生根は宿主の皮層を横に這い、途中不定芽をつくりそこから新たな芽を出す。

このような寄生生活をする植物は世界中で約３４００種あり、ヤドリギのように半寄生しているものから、葉緑体をまったくもたず、有機物まで宿主に頼る完全な寄生植物まである。たとえば地球上でもっとも大きな花として知られるラフレシア（62ページ参照）、日本特産のヤッコソウ、根茎から鳥もちをつくるツチトリモチ、ススキなどの根に寄生するナンバンギセルなどが完全な寄生植物である。

分類群ではビャクダン目のビャクダン科、オオバヤドリギ科、ツチトリモチ科、シソ目のハマウツボ科に多く見られる。ビャクダン目では独立栄養をする普通の植物から、ビャクダンのように水や養分の一部を宿主に依存しているもの、ヤドリギのように水も養分も全面的に宿主に依存しているもの、ツチトリモチのように完全な寄生生活者までさまざまある。

気づかれないうちに寄生している植物

ヒルガオ科のネナシカズラやマメダオシ、クスノキ科のスナヅルはすべて完全寄生のつる植物で、地面で発芽したあとすぐにさまざまな植物によじ登って絡みつき、寄生根で宿主の茎から養分を吸収して成長する。これらが寄生している様子は、まるで黄色や薄茶色の毛糸が木や草に絡まったようである。当然葉は退化してほとんどなく、花と糸状の茎だけからなる植物である。

一方、地中の根に寄生し、緑の葉をもつ植物は、寄生植物とはなかなか気づかれない。たとえば、ハマウツボ科のシオガマギク属、コゴメグサ属、ママコナ属、ビャクダン科のカナビキソウ属は、緑の葉をもち、まったく普通の独立栄養をしているようにみえるが、根の一部に吸器という特殊な器官があり、宿主の根に吸着して栄養をとっている。

また、ハマウツボ科、ツチトリモチ科、ラフレシア科の寄生植物は、芽ばえの幼根が宿主の根や地下茎に侵入するもので、地上で花が咲くまではその存在を知ることは難しい。

（大森雄治）

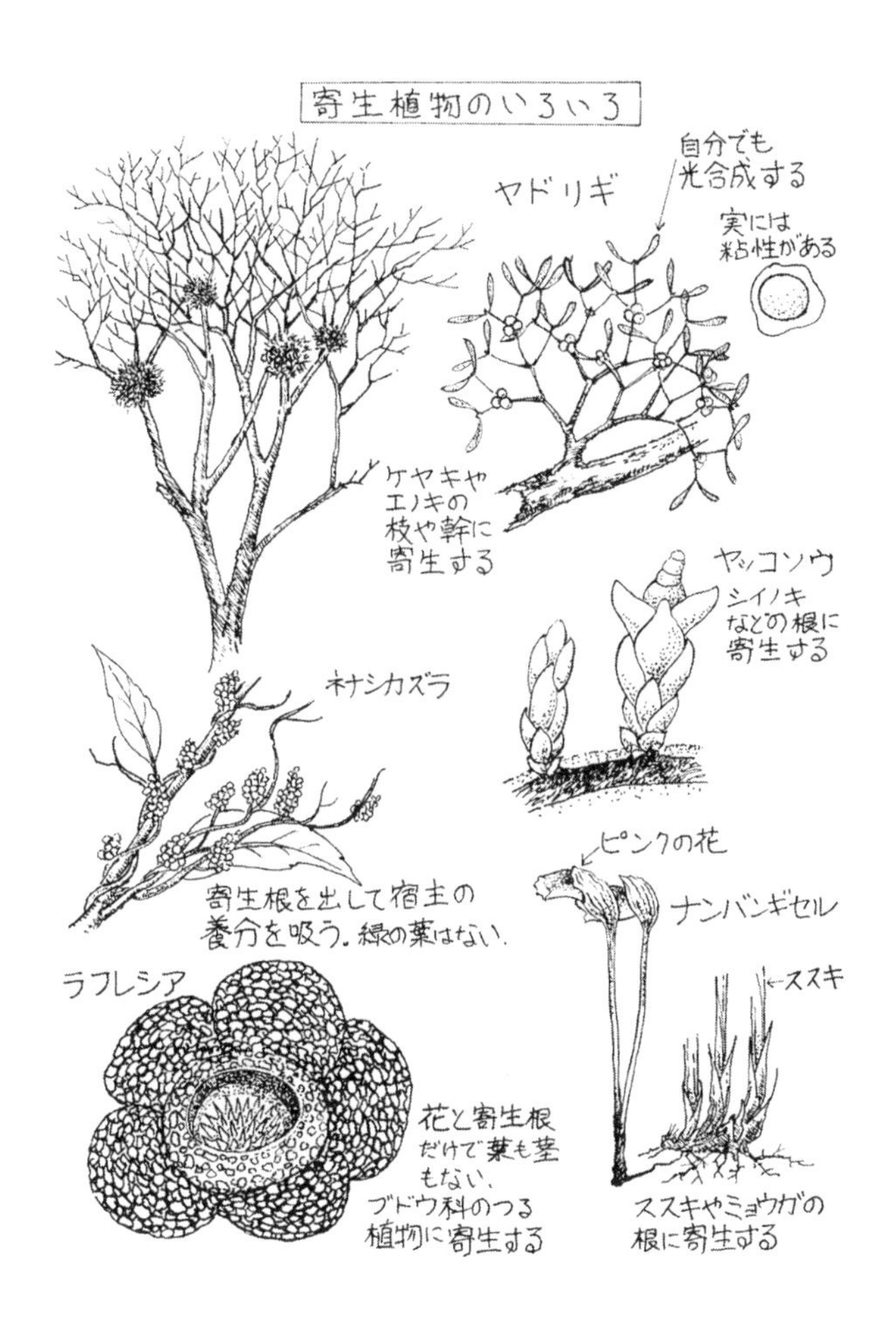
寄生植物のいろいろ
自分でも
光合成する
ヤドリギ
実には
粘性がある
ケヤキや
エノキの
枝や幹に
寄生する
ヤッコソウ
シイノキ
などの根に
寄生する
ネナシカズラ
寄生根を出して宿主の
養分を吸う。緑の葉はない.
ピンクの花
ナンバンギセル
ラフレシア
ススキ
花と寄生根
だけで葉も茎
もない.
ブドウ科のつる
植物に寄生する
ススキやミョウガの
根に寄生する

敵を死にも至らしめる、植物たちの化学兵器

クルミの木の下で他の植物が育たない謎

化学兵器とはおだやかな言葉ではないが、植物はまさしく化学兵器としかいいようのない方法で、他の植物の生育を妨げることがある。それは、芽生えたばかりの幼植物なら、殺してしまうほどの威力である。

昔から、クルミの木の下では他の植物の育ちが悪いことが知られていた。それが、水分や光の奪い合いによるものではないことはわかっていたが、その原因が明らかにされたのは最近のことである。クルミの根からユグロンと呼ばれる化学物質が分泌されていたのである。別の項で紹介されているように、セイタカアワダチソウも同様の化学物質を分泌しており、他の植物の侵入を妨げている（266ページ）。これ以外にも、さまざまな植物が、さまざまな物質を、他の植物の侵入を防ぐ目的に用

いている。

また、植物の相性のよしあしがいわれてきたが、これは直接その植物の発育を促進する作用が働く場合もあるが、生育を阻害することによって生じることも少なくない。確かにある特定の植物を組み合わせて栽培すると収穫量も増すことが知られている。よしにつけあしきにつけ、植物の間に起こるこのような現象を「他感作用（アレロパシー）」と呼び、それを引き起こす物質を「他感物質」と呼ぶ。他感物質は、多くの場合根から分泌されるが、果実や葉などの地上部に蓄積されることもある。

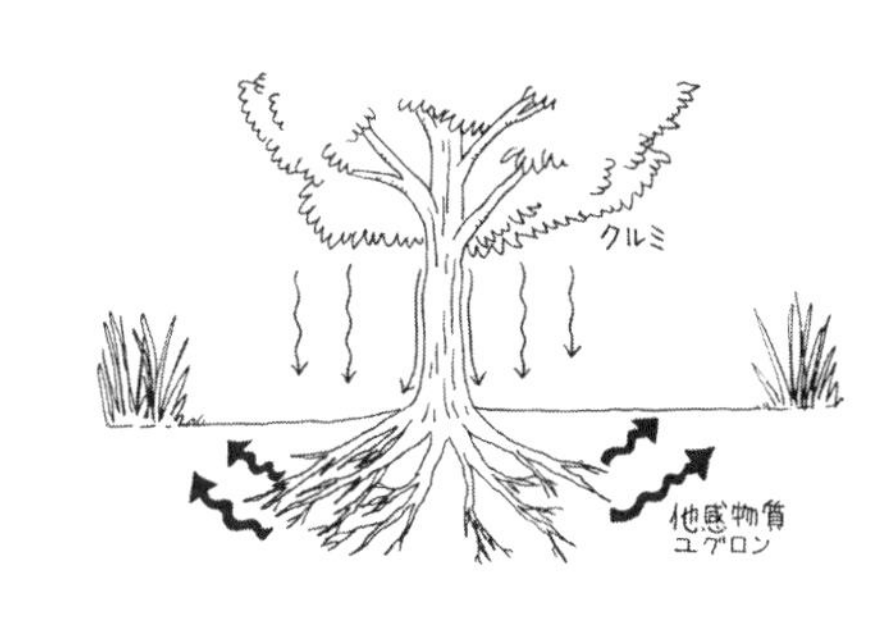

タイサンボクにみる凄まじい他感作用

北アメリカ原産のタイサンボクというモクレン科の植物をご存知だろうか？　大量の精油成分を葉や枝に含んでおり、折るとハーブのような匂いがする。たき火にくべると、一瞬のうちに燃え上がるほどの含有量である。

以前、タイサンボクで失敗したことがある。タイサンボクの枯れ葉でつくった腐葉土で、アネモネを栽培してしまったのだ。結果は悲惨なもので、芽が出た途端すべての株が枯れてしまった。腐葉土をつくるときには、「ケヤキやコナラの落ち葉を集め、イチョウやマツの葉を混ぜないように」といわれたことはないだろうか？　こうした知恵が生まれたのも、昔の人が他感作用による生育の阻害に薄々気づいていたためであろう。

●タイサンボク

タイサンボクは、雨水を通じても植物の生長を阻害する。タイサンボクの下ではよく鉢植えが枯れるのに気づき、家人に絶対に樹下には植木鉢を置かないように頼んだが、聞き入られず、ずいぶん植木を枯らした。今考えると私は他感作用に薄々気づいていたのだろう。本来は昆虫の食害を防ぐための精油成分で、他の植物を枯らすなど、何食わぬ顔でずいぶんひどいことをするものである。

作物に対する雑草の害は、水や光の奪い合い競争によると漠然と思われてきたが、こうなると他感作用も無視できない。雑草をすき込んだり、雑草が繁った後の土で作物を栽培すると、収穫量が何割も落ちてしまうことがある。すき込んだ雑草や残った根から、他感物質が放出されることがあるからだ。やはり、雑草はこまめに抜いて、畑から持ち出すべきなのである。

まれではあるが、他感作用を及ぼしているのがまさに毒ガスとも呼べる特殊なケースがある。場所はカリフォルニアのチャパラルと呼ばれる乾燥地帯、主人公はサルビアの一種の低木で、分泌する他感物質はやはり精油成分である。気温が高い時期であれば、空気にその匂いが満ちているそうである。根からの分泌も含めて、その植物の周囲1メートルくらいは、他の植物が生育できない。いろいろ実験してみた結果、空気中の精油成分が植物の定着を妨げていることが明らかになった。

直接、力で侵入者を排除できない植物は、このような方法で他の植物と戦っているのである。

（天野　誠）

なぜ葉を閉じる？——運動する植物

細胞が伸びたり縮んだり、膨らんだりしぼんだり

子どもの頃、オジギソウの葉に触わると葉を閉じたり、ホウセンカの果実に触れて種子が飛んだり、あるいは暗くなるといつの間にかネムノキやカタバミが葉を閉じていたりする様子を見て、初めて植物も動くのかと妙に感心した経験がおありの方もいらっしゃるのではないか？

植物の運動は、人という動物的時間尺度では計れない運動である。たとえばつる植物が木に巻きついたり壁をよじ登ったりするのは、成長に伴う運動である。植物の成長には、細胞が分裂して成長するだけでなく、細胞が伸長して成長する「伸長成長」がある。細胞の伸長が一様であれば真っ直ぐに伸びるだけであるが、伸長が不均一に起これば、その器官は屈曲する。伸長の大きい細胞が軸に対し順番に移動

自分で動く植物

ネムノキ〈就眠運動〉
暗くなると
葉が閉じる
オジギソウ〈傾性運動〉
パッ
葉枕
ふだんは下側
の細胞が膨
らんでいる
さわると
葉を閉じて
柄も下がる
カタバミ
刺激を受けると
活動電位が発生し上側の
細胞が水を吸って膨らみ
柄が下がる
〈捕虫運動〉
ハエジゴク
パッ！
とまった虫を
はさんでとる
パッ
0.1秒の
早ワザ！
ムジナモ

すると回旋運動になり、伸長が背面と腹面で交互に起きれば、上下に運動したり、開閉したりしているようにみえる。

屈曲運動には二つあり、一つは屈曲の方向が刺激の方向によって決まる「屈性」、もう一つは器官の構造で決まっている「傾性」である。芽生えに光を当てるとそちらを向くのは屈性であり、光量や温度の変化によって葉や花びらが開閉するのは傾性である。

暗くなると葉が閉じる就眠運動はマメ科植物に多く、進化論で著名なチャールズ・ダーウィンは、そのほかツリフネソウ属やサツマイモ属など86属もの例を挙げている。就眠運動には成長運動に伴うものと、細胞が一時的に膨れたり縮んだりする「膨圧運動」があり、カタバミ科とマメ科は後者にあたる。これらの葉柄や小葉の基部には、「葉枕」と呼ばれる膨らむ細胞の集まりがある。葉枕細胞の細胞膜にはポンプのようなしくみがあり、まず細胞内にイオンを増やす。すると細胞のイオン濃度が高くなって水がその細胞に入り込み、細胞が膨らむというしくみである。この変化が周囲の明暗によって周期的に起きるので、いかにも植物が寝たり起きたりしているようにみえるのである。

夜に葉が閉じる利点としては、花芽の形成を月の光などで阻害されないようにする、あるいは葉から熱が逃げないようにするなどの説があるが、未だ解答は出ていない。

素早い動きでエサもつかまえられる

葉を閉じる運動が動物的に素早い植物がある。マメ科のオジギソウとカタバミ科のオサバフウロ（南アジアと東南アジアに分布）である。

オジギソウは軽く触れるとあっという間に小葉とその向かい合う小葉が閉じ、さらに動きが葉片全体に広がって閉じてしまう。小葉を焼く・切るなどの傷を与えると、お辞儀するのは小葉にとどまらず、一枚の葉全体、さらに上下のほかの葉にまで広がる。そのほかにハエジゴクやムジナモのような食虫植物の、捕虫網が閉じる運動も素早い動きである。

このような早い反応では、細胞膜の電圧が急に変化する活動電位が発生する。これは動物の神経細胞や筋細胞が収縮するのとよく似た機構である。動くしくみには動物も植物も基本的な違いはないといえる。

（大森雄治）

グラマーな雌とスリムな雄

定まった性をもたないホソバテンナンショウ

人を含めた哺乳類では、一般的に性は遺伝的に決まっている。しかし、生まれたときには性が決まっていなかったり、性が容易に変わる生物も存在する。

なぜ植物に性があるのかということに関しては、さまざまな仮説が立てられているが、自殖がよくないということが一つのベースになっている。他殖（他の個体から花粉を得て卵を受粉させて種子をつくること）を確実にするいくつかの方法の一つとして、植物の中には、アオキやイチョウのように生まれながらに雄雌が決まっている植物がある。自家不和合性（同じ個体の花粉では種子ができない性質）も、他殖をするための選択肢の一つである。サクランボなどは一つの花に雄しべ、雌しべはあるが、同じ個体の花粉では実がならない。

動物では、一生のうちに性を変えることができる種（しゅ）もある。幼い間はすべて雄であり、長じると雌になるクロダイや、ハーレムをつくり一番強い（大きい）個体が雄になるキンギョハナダイなどがその好例であろう。

植物にもホソバテンナンショウのように、性を選択する植物がある。ホソバテンナンショウは、種子から芽生え、一定の大きさになるまでは、葉だけを出し、無性の段階にとどまる。ある程度大きくなると、まず雄になる。さらに、植物体が一定以上の大きさになると雌に変わる。

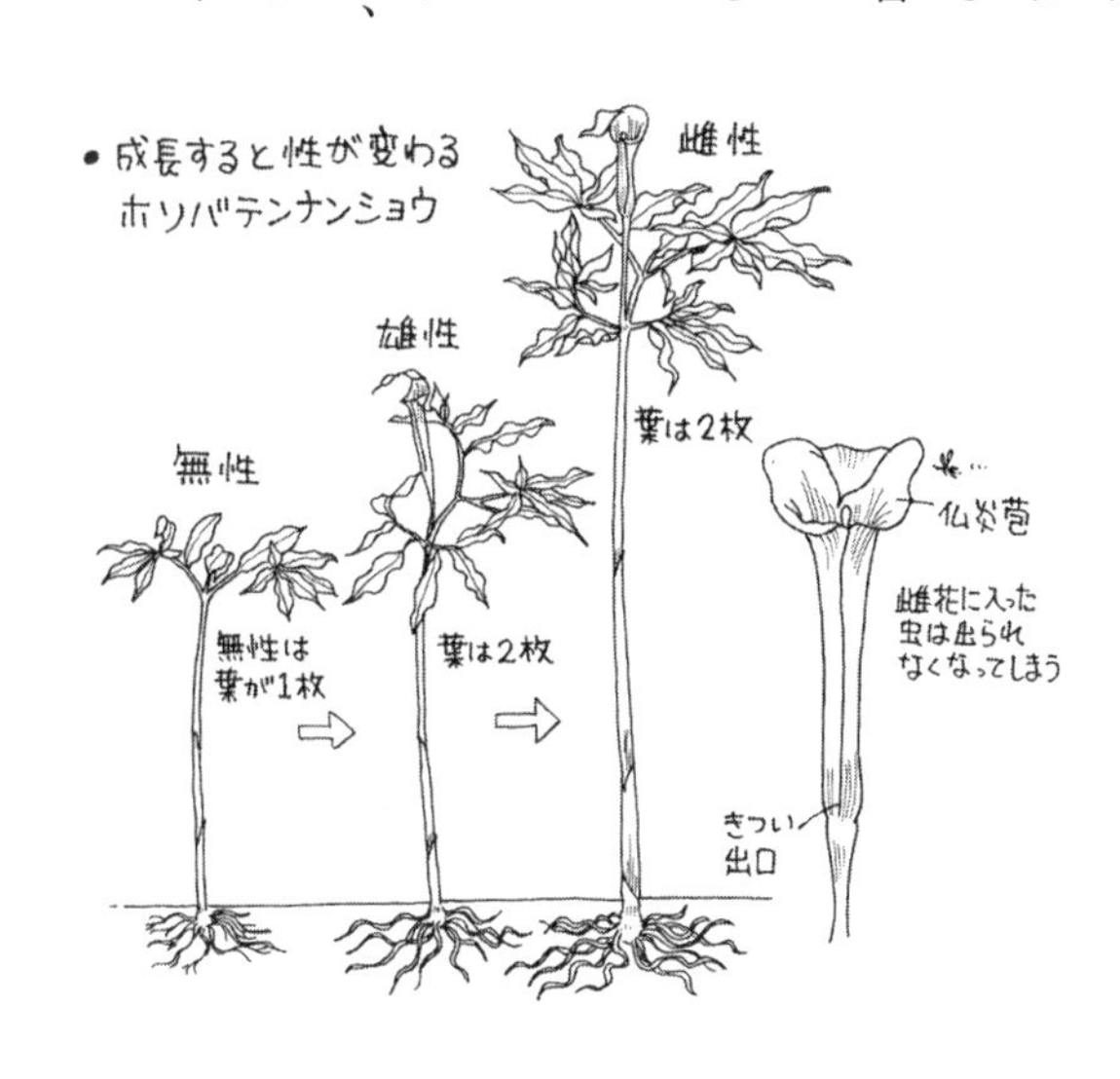

雄と雌とでは、後に子孫を残す次の世代の数が、理論的には同じになることが知られている。雄と雌の繁殖における役割の大きな違いは、雌は花を咲かせた後、種子をつくらなければならないという点である。これは、花を咲かせることと合わせて植物にとっては物要りなことであり、大きな（蓄えの十分な重い）個体でなくてはかなわない。

では、花粉をやりっぱなしの雄のほうが得かといえば、雌花を受精させて初めて子孫が残せるわけで、雌がいなければ子孫を残すことはできない。かくして、ある程度以上の大きさの個体では、雄と雌の残す子孫の数が等しくなるのである。

他殖をしさえすればよいのなら、あらかじめ性を決める必要は必ずしもない。また、同じ株の中での花粉のやり取りさえしなければよいというのだから、ずいぶん柔軟で合理的なしくみである。

さて、一度雌になった個体は雄に戻らないのだろうか？　研究者はより深く自然を知ろうとするために、ずいぶん可哀想なことをする。雄と雌の塊茎（かいけい）の大きさに差があることはすでにわかっていたので、雌の塊茎をカットして小さくしてみたのである。結果はどうかというと、人工的に塊茎を小さくした個体は、見事雌から雄に戻ることが明らかになった。

雄株から雌株への花粉の移動

もうひとつホソバテンナンショウの雄雌に関わるエピソードを紹介しよう。ホソバテンナンショウの花粉を運ぶのはキノコバエの仲間である。このような昆虫の好む臭いを出して、ホソバテンナンショウは虫を誘惑する。運悪くこの罠にはまった虫は、仏炎苞（この属の場合、花穂を被っている下部が筒状で、上部が前に下がっている器官）の中に落ち込んでしまう。雄株の場合は歩き回って花粉にまみれた末に、下にある脱出口から外に出ることができる。だが、こりずに雌株の誘惑にはまると、たいへんなことになる。雌花には脱出口がないのだ。今度は雌しべに花粉をこすりつけながら歩き回ったあげく、とうとう外に出ることができずに息絶えてしまう。消化して栄養にするわけではないのだが、ホソバテンナンショウは虫を犠牲にして生きている恐ろしい植物なのである。

（天野　誠）

海面を真っ白な花が覆う——ウミショウブ

大潮の干潮に起こる驚異のドラマ

沖縄本島の西南450キロメートル、豊かな亜熱帯の原生林が広がる西表島。その波静かな入り江の海面が、夏の大潮の昼間の干潮時に限って、真っ白な米粒のようなもので覆われることがある。南国の青い空の下に広がるその光景は感嘆の一語に尽きるが、じつはこの〝米粒〟の正体は、ウミショウブという植物の雄花である。

ウミショウブはトチカガミ科の海草（海中に生育する種子植物で、ワカメなどの海藻とはまったく別のもの）で、日本では八重山諸島にだけ見られる。長さ30センチ〜1メートル程度の細長い葉が株元から伸びており、その姿はショウブのようにも見える。そして、驚異のドラマは満月と新月の大潮の日に起こる。

雌株の葉腋につくられた雌花は、苞鞘と呼ばれる葉に包まれており、数十センチに伸長した柄で株元とつながっている。潮が引いてくると徐々に水面に顔を出しはじめ、干潮時にはちょうど水面に浮いた状態となる。このとき、4～5センチのリボン状の白い花弁が水をはじきながらたなびくようになり、受粉を待つ状態となる。

雄株の苞鞘は柄が数センチと短く、水面に出ることはない。その苞鞘の内部に数十個の小さな雄花が準備されており、干潮の時刻が近づくにつれて、一つ二つとそのつぼみが苞鞘の中から放たれ、水面に浮かんでくる。水面に浮かぶとすぐにつぼみが開き、花被片（雄花、雌花ともに水をはじき、浮力を得ている）がボートの役目を果たす。花粉をつけた雄しべを上方に掲げ、滑るように水面を動いていく。そして、完全に潮が引いたときには、無数の雄花が浮かび、あたり一面が白く見えるほどになる。

このときに、雄花と雌花はともに水をはじくために、自然に雌花の花弁の周りに雄花が集まってくる。そして、雄花が雌花の中に倒れ込むと同時に、花粉が雄しべから落下し、雌花の奥底にある雌しべに付着して受粉が起こるのである。その後、潮が満ちてくると、雌花は水没してしまうが、雌花の花弁が空気を抱え込むように閉じることで、海水が入り込まず、やがて種子ができるのである。

ウミショウブはなぜこんな特殊な受粉方法を獲得したのか？

このように、ウミショウブの受粉は潮位と密接に同調していることがわかる。では、この巧みな生態はどのように制御されているのだろうか？　苞鞘内の空気圧の低下、水温の上昇がスイッチになる、あるいは生物時計と呼ばれる内因性のものがあるなど、諸説が提示されているが、結論は出ていない。

では、その進化過程はどうだろうか？　最近の研究から、ウミショウブは水中媒（水中で受粉を行う）という受粉機構を行うグループから進化してきたものであり、淡水から海水へ進出してから、この受粉方法を獲得したことが明らかになってきた。さらに、その花粉は、一般的な花粉に比べて乾燥に弱い構造であることもわかった。これは水面近くの高湿度の空間で、しかも空気にさらされるのがごく短時間であることで、成り立っているのだろう。今もなお、その進化過程については、解明されていない部分が多いが、このウミショウブの受粉方法が、非常に特殊な進化を遂げたものであるということだけは間違いない。

（田中法生）

▲ウミショウブの雌花
（中心に雄花が集まっている）

▲ウミショウブ
の雄花

▲ウミショウブの群落（水面に白く見えるのが雄花）

浮いて流れて受粉する水草――クロモ

アリ地獄に落ちるような受粉

自然が残された池や沼などの水中には、多様な水草が見られる。これらはそれぞれに独自の受粉方法を備えており、あたかもいかに多くの子孫を残すかを考えているかのようだ。トチカガミ科のクロモは、その中でも特に変わった受粉を行う。

クロモは、アジアからヨーロッパ、アフリカに分布し、湖沼や水路などの水中に生育している。日本では、8～10月ごろに花をつけるが、ちょっと見ただけでは、花に気づかないかもしれない。雌花は葉腋に形成され、萼筒が数センチ伸長してちょうど水面に浮くようにして開花する。花被片は白く透明で、直径5ミリ程度と非常に小さい。水面に〝アリジゴクの穴〟をつくるように開いており、その中心の雌しべは、アリを待ちかまえるアリジゴクのようだ。

一方、雄花は葉腋に苞鞘で包まれて形成される。苞鞘が破れると、花柄が切れ、中から雄花のつぼみが出てきて水面に浮かび上がる。と同時に、花被片が開いて反り返り、雄しべが現れる。その後突然、水平になっていた雄しべが跳ね上がって直

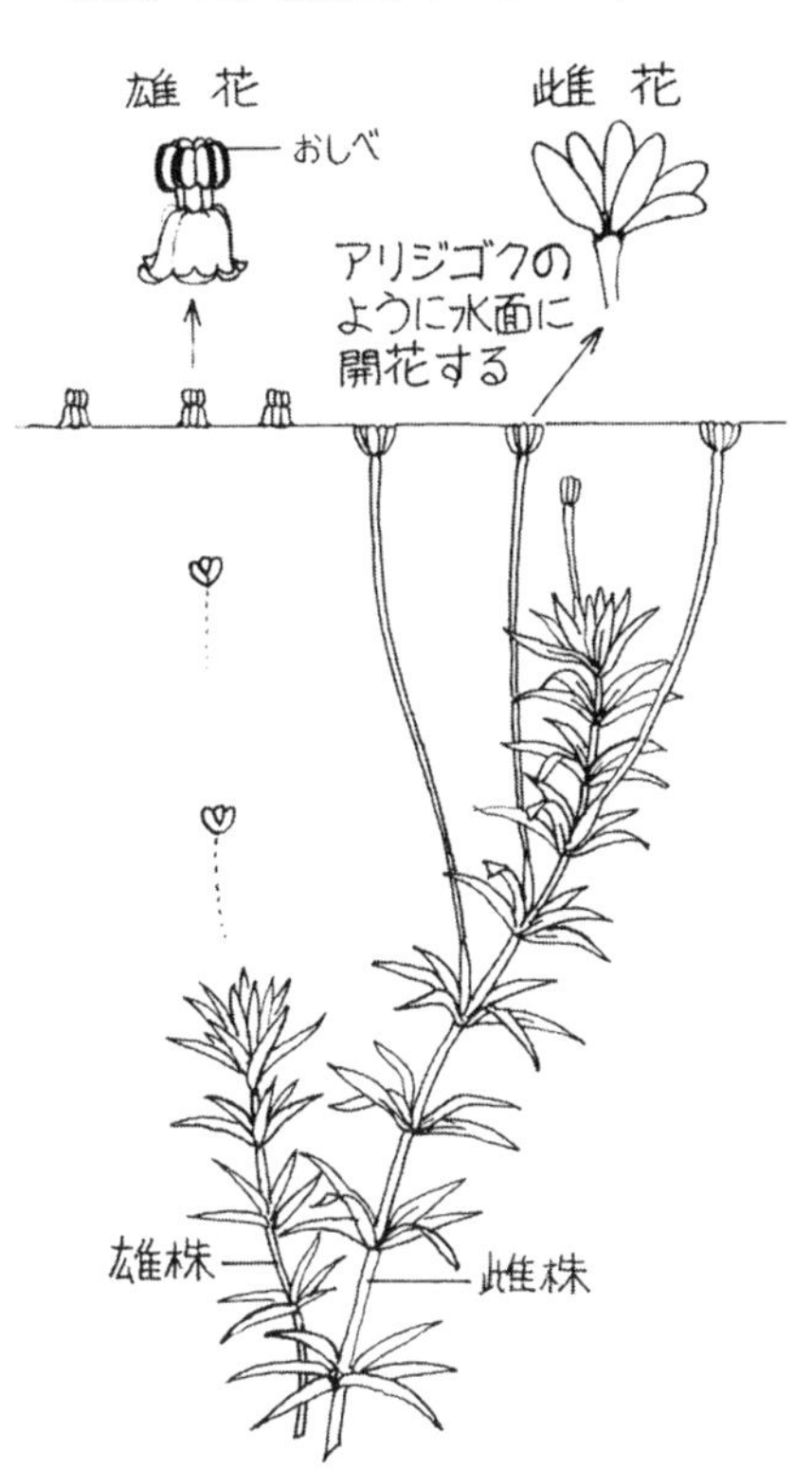

立するのだが、このときに雄しべの花粉が空中に放り出され、水面にばらまかれるのである。そして、雌花のアリ地獄の穴に空中から直接落ちるか、あるいは、一度水面に落ちてから、水面を浮遊して、穴に落ちて受粉が行われるのである。雌花、花粉ともに水をはじくために、両者は水面上でくっつき合う性質をもつ。そのため、かなり偶然にまかせた方法のようでも、実際に池などでは、雌花の周辺や「穴」に花粉が付着していることが多い。案外、機能的な方法なのだろう。

他人の空似？　クロモとコカナダモ

この受粉方法を行うのは世界でただ一種、クロモだけであるが、これと類似した受粉を行う種は、他に一グループだけ存在する。北アメリカ原産のコカナダモである。雄花の花柄が切れて水面に浮かぶのはクロモと同じだが、クロモのように花粉を空中に飛ばすことはなく、自然に雄しべからこぼれていく。これが水面を浮遊して、雌花の「穴」に落ちるのである。水面をじかに花粉が移動するなど、両者はよく類似しており、35万種ある種子植物の中で、この2つの植物はその特殊な受粉方法を共有しているようにみえる。

そうなると、このコカナダモとクロモは近縁なものと考えるのがふつうであり、実際にそう考えられてきた。ところが、近年のＤＮＡ情報を用いた研究からは、同じトチカガミ科ではあるが、その中では比較的遠縁な関係にあることが示された。つまり、似ていると考えられていたかたちや性質は、それぞれが単独に進化したものであり、その結果偶然に似ていたということになるのである。他人の空似といってもいいかもしれない。そう思ってよく調べてみると、よく似ているように見えた花粉のかたちも、水面に浮くための表面形態はそっくりだが、その内部の構造は異なっており、そこには類縁が遠いことも反映されていることが明らかになった。

ではなぜ、このような特殊な受粉方法が２つの植物で別々に進化したのだろうか？　水面という特殊な環境において、他の方法よりも花粉を運ぶのに有利であるため、と推測したいところだが、その祖先がもっていたであろう受粉方法との違いが大きく、比較がしづらいため、証明することは今のところ難しい。（田中法生）

風船をもつ花粉、糸のような花粉

スギが風媒花であるがゆえに起こる花粉症

毎年春の訪れとともに花粉症が話題となるが、なかでもスギ花粉症がもっとも多い。これは、空中に飛散するスギの花粉が原因となっているのだが、もしスギがきれいな花を咲かせるような植物だとしたら、こういうことは起こらなかっただろう。なぜか？　もし、ツツジやユリのように、きれいな花で昆虫を呼び寄せ、花粉を運んでもらう虫媒花なら、花粉が空中に飛散することはほとんどないからだ。しかしスギは、風で花粉を運ぶ風媒花なのである。

ひと口に花粉といっても、植物によってさまざまな大きさやかたち、表面模様をしており、場合によってはそれが受粉を行うための重要な機能を果たす。スギの花粉は、ほぼ球形で直径約30マイクロメートル。他の植物と比較すると小さいほうに

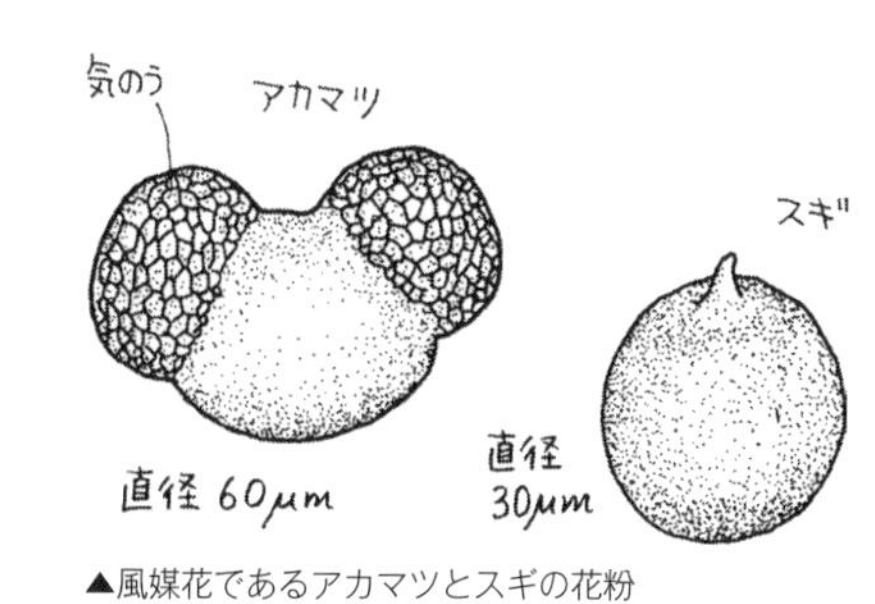

▲風媒花であるアカマツとスギの花粉

入る。多くの場合、風媒花の花粉は小型で軽量であり、スギも例にもれない。これは、風で花粉を飛ばして受粉するために、「大型で少量」よりも「小型軽量で多量」という方向へ進化した結果と予想できる。

同じ風媒花でも、マツの仲間にはさらに巧みなものがある。アカマツの花粉は、球形の花粉に、さらに2つの袋をつけたようになっている。この袋は気のうと呼ばれ、浮力を増すことでより風に乗りやすくなっている。北欧スカンジナビア半島に生育するマツの仲間の花粉が750キロメートル北のスバールバル諸島で発見されたことは、その飛散距離の長さを示している。

水中で糸のように連なる水草の花粉

水中での受粉（水中媒）を行う植物の花粉はどうだろうか？　トチカガミ科のウミヒルモは海底の砂の上に生育し、受粉は花粉が水中を漂って雌花に到達し行われる。このとき、円柱形の花粉が十数個から数十個つながり、糸のような状態で水中に放出される。同じ水中媒を行うアマモ科のスゲアマモの花粉は、一つの花粉が糸のように細長くなり、長さ2～3ミリメートル（一般的な花粉の約50倍！）に達する。このような糸状の花粉は、球形の花粉よりも、水中で雌しべに到達する確率が高いことが計算上示されており、じつに理にかなったかたちということができる。

もっとも一般的な虫媒花の花粉にもさまざまな工夫がみられる。ラン科の花では、花粉塊という花粉のかたまりをつくり、柱頭に運ばれ、一花中のすべての胚珠を一度に受粉させる。シュンランなどでは、花粉塊に粘着部分があり、そこがハナバチ類の背中に付着してそっくり運ばれ、次の花で受粉が行われる。この方法では、訪花した昆虫が次に必ず同種の植物へ移動しないと花粉すべてが無駄になる可能性があるため、ラン科のように花と昆虫の共生関係が進んだ植物でないと成立しない。巧妙かつ繊細な受粉方法である。ここに挙げたのは、花粉のかたちなどが受粉の際に重要な機能を果たしている例のごく一部である。肉眼ではほとんどその形の違いを確認できない微細な花粉ではあるが、受粉を効率よく行うためにさまざまな戦略が盛り込まれている。

（田中法生）

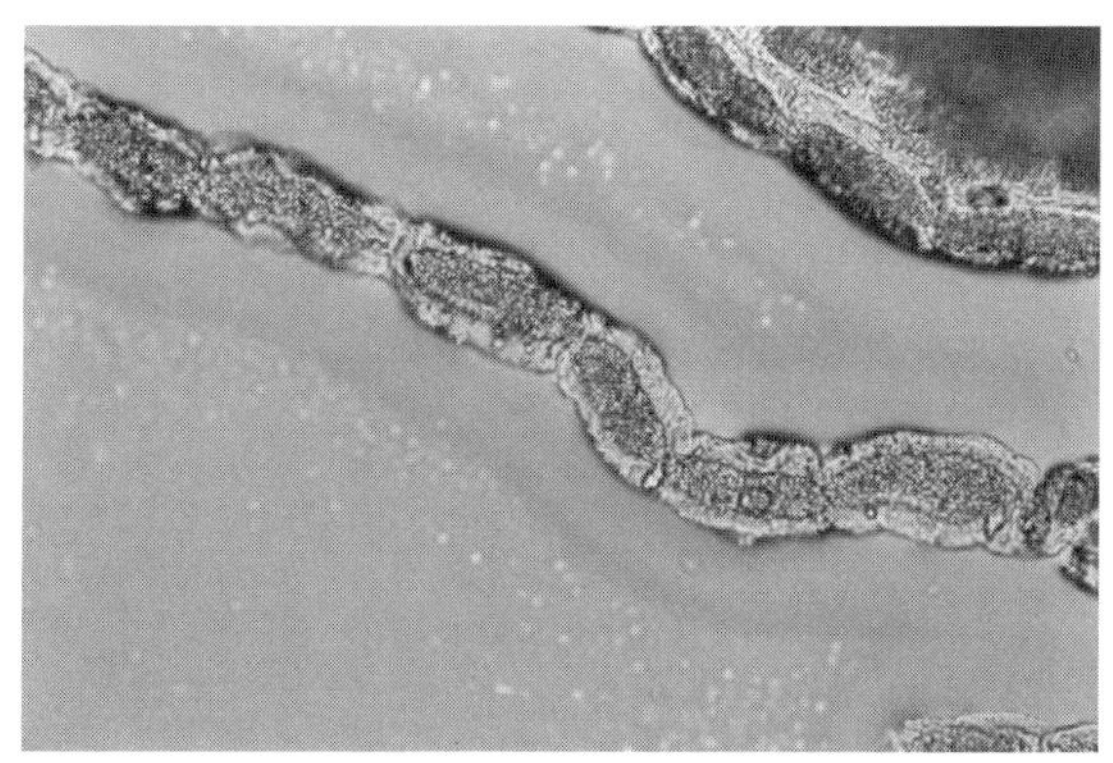

▲水中で連なるウミヒルモの花粉（一つが 100μm）

▲大槌臨海研究センターで栽培中に葯が裂開して放出されたスゲアマモの花粉（糸状の部分）

実らない花が咲くわけ

悪条件下で生きるアオイチゴツナギ

とある別荘地を歩いていたら、道に沿ってイネ科のアオイチゴツナギが細々と生えていた。小さな株から数本の花序を出していたが、ちゃんと育った小穂(しょうすい)はほんの少しだけで、苞穎(ほうえい)だけに退化した小さな小穂や、花序の枝だけになっていた。別荘地の木陰の狭い場所で、木漏れ陽をわずかに受けて生きているのだから、栄養状態が悪かったのだろう。林の中に入ると、今度はタツノヒゲというイネ科植物が生えていた。これもまた実っている小穂はほんの少しだけだった。

枝や苞穎だけの小穂をつくるぐらいなら、種子をつくるために養分を使ったほうが得策に思える。当たり前のことであるが、植物は何のために花を咲かせているかというと、子孫を残すためである。ところが、アオイチゴツナギやタツノヒゲに限らず、実る花の割合が低い植物が時々ある。「親の意見となすびの花は千に一つの無駄もない」ということわざがあるが、「無駄」の多い植物もあるのである。野生植物には、無駄な物をつくる余裕などないはずだが、いったいどうしてこんな実らぬ花や、そのまわりの構造にエネルギーを投資するのだろうか。

野生植物の「無駄」の理由

〈うまくいくかも説〉

花の数や花序の大きさなどが生育期間の早い時期に決まる種では、どれぐらいの雌しべが花粉を受け取ることができるか、どれぐらいたくさんのタネをつくる養分が稼げるかがまだわからないうちに、花の数や花序の大きさを決めなければならない。こういう種は、もしかしてうまくいったときのために、無駄になるのを覚悟のうえで、多めに花に投資しておいたほうが有利である。

〈悪いことがあるかも説〉

タネはしばしば動物に食べられることがある。花序の一部を折られることもある。前記の例と違って、タネをつけられる数が予測できていたとしても、花を失う数は正確には予測ができない。ある程度の確率で悪いことがおこるなら、その分を見越して多めに予備の花を咲かせるのはよい作戦である。ただし、もしも予想に反して花が少ししか失われなければ、それらを実らせるだけの余力はないので、実らぬ花が咲くことになる。

〈雄花として働く説〉

たとえば、花粉が運ばれる確率がとても低いなどの理由で、受粉できない雌しべがあるような場合、花粉をもっと多くつくれば受粉率が高まる。そういう条件下では、雄しべを大きくして花粉を増やしたり、両性花の他に雄花をつけるなどの方法がある。単純に花の数を増やした場合にも、もとからあった数の雌しべが受粉できれば、目的は達成されたことになる。この場合、増えた分の花は実らないわけだが、雄花と同じような働きをしていることになるのである。

〈誘引するのに役立つ説〉

昆虫などの動物に花粉を運んでもらっている植物では、自前のエネルギーでは全部の花を実らせることができないとわかっていても、たくさんの花をつけたほうが花粉の運び手をひきつけることができ、有利になることがある。そういう場合には、結果的に誘引するためだけに役立ち、実ることがない花が咲くことになる。

〈選択的中絶説〉

どうやら、ある種の植物は、受精した胚珠（タネ）のうち、すぐれているものを成熟させ、劣るものを中絶したり、あるいは受精した胚珠をたくさん含む果実を成熟させ、受精にあぶれた胚珠が多い果実には栄養を分配しないという、賢い選択を行っているようだ。にわかに信じがたい説明であるが、実際ある種では、種子数の多い果実が選択的に実っている。また、別の種では、手を加えずに植物に選択させた場合と、同じくらいの数の種子が実るようにランダムに種子を取り去った場合では、前者の種子のほうが発芽率がよかったという例で実証されている。

このように実らない花が咲くのには、いろいろな理由が考えられる。種によって異なった理由があてはまるようであり、ひとつの種にいくつかの理由がある場合もあるだろう。先の2種のイネ科植物は、風媒花であり、花そのものまで退化しているので、「うまくいくかも説」があてはまりそうである。別荘地のアオイチゴツナギ君とタツノヒゲ君は「うまくいくかも」と思って投資したのに、うまくいかなかったんだねえ。

（木場英久）

花はなくとも実は育つ？

花弁や蜜がなくても種子がつくれる「省資源設計」

私は博物館に勤務しているが、来館者から「スミレは花も咲かないのになぜ果実ができるのでしょう？」「花が咲いていないのに、庭にスミレが生えてくるのはなぜ？」といった質問をよく受ける。

そう聞かれるたび、私は「閉鎖花」について話すことにしている。通常、花は花粉を外に放出し、他の個体の花粉を受ける（＝「開放花」）。これに対して、閉鎖花は、目立つ花弁をつけず、自花受粉をして、果実をつける。その代表がスミレである。スミレが「花も咲かないのになぜ果実ができるのか」といえばズバリ、閉鎖花があるからだ。地中に閉鎖花をつけて、そのまま果実を実らせるミゾソバのように容易周到な植物もある。

閉鎖花は、胚珠の数の割に花粉の数が少ない。花外に花粉を出さないので、無駄になる花粉の数が少なくて済むためであろう。花弁にも投資せず、蜜も出さず、花粉の数すら少ない。何から何まで「省資源設計」なのである。しかも、あれこれ投資したところで、送粉者が来なければ果実が実らない「開放花」に比べて、結実の確実性も高い。

ではなぜ、大多数の植物は閉鎖花にたよりきることをせず、あえて開放花をつけるのだろうか？　これについては、「他の遺伝子をもつ個体と交わって、強い子孫を残すため」との答えが一般的だが、これでは説明できない部分も多々ある。進化を研究する学者を大いに悩ましている疑問でもあり、まだ完全には解決していない。

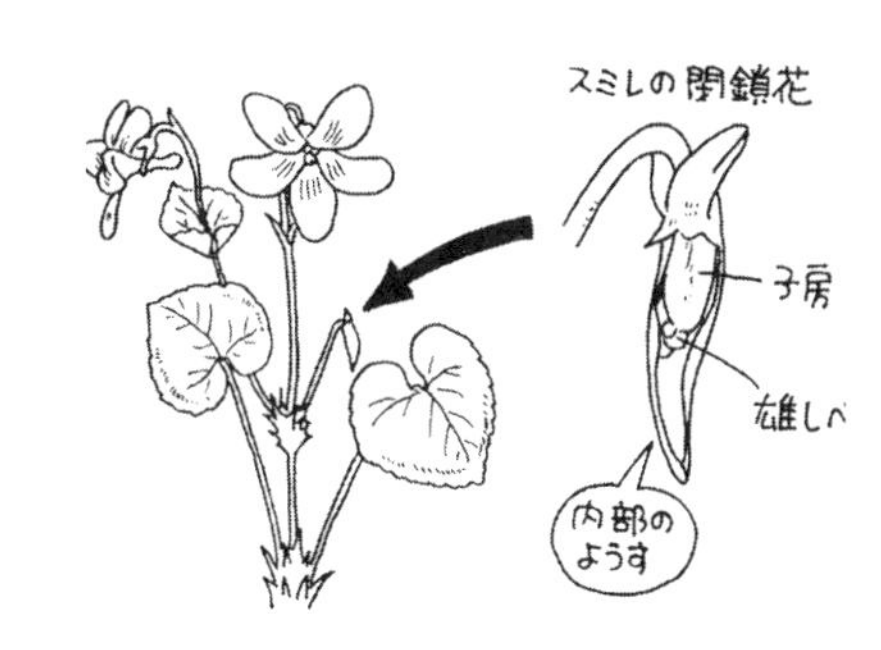

伝染病との果てしない戦い

だが有力な仮説もある。その一つが、「伝染病への抵抗力をつけるためではないか」というもの。

伝染病は、集団の全滅など、圧倒的な被害を与える可能性がある病気だが、すべての個体が一様に伝染病にかかるかといえば、そうでもない。ある病気について抵抗性遺伝子をもつ個体があることも多い。だが強い淘汰がかからなければそれが集団全体に広がることはない。逆にいえば、個体や集団にとって「新しい抵抗性遺伝子を外から入れることがいかに重要か」ということになる。しかし、花粉の交換を拒絶してしまえば、個体は新しい抵抗性遺伝子を受け入れることもできなくなる。さまざまな伝染病が頻繁に流行(はや)るとしたら、遺伝子の交換をしない純系の植物は、いつかは伝染病で致命的な被害を被ってしまう……だから、異なる遺伝子を取り入れる方法として、開放花を咲かせるのだという。

作物に特定の伝染病に対する抵抗性の遺伝子を組み込んでも、長くはその効果が続かない。当初、病原菌の野性株には抵抗性を示しているのであるが、皮肉なことにそのことで、その病原菌に対して強い選択圧がかかるために、数年でその抵抗性遺伝子に打ち勝つ遺伝子をもつ菌株が野外で勢力を広げるためである。そのため、抵抗性遺伝子を導入した農薬のいらない作物の栽培品種を長もちさせることはできないのだ。「作物の伝染病を防ぐためには、何種もの異なる農薬が必要」とされるのも、このためなのである。

（天野　誠）

種子のできないヒガンバナはどうやって増える？

弥生時代以前に中国大陸から渡ってきたヒガンバナ

鮮やかな赤い花で秋の訪れを告げるヒガンバナは、日本の人里の風景になくてはならない植物のひとつといえよう。ヒガンバナはマンジュシャゲなど100を越える地方名が記録されており、このことからも、人とのかかわりの深い植物であることがわかる。鱗茎（りんけい）はアルカロイドを含み有毒であるが、水でさらすとデンプンが取れるので、飢饉のときの栄養源、つまりソテツなどと同様の救荒植物として人里に多く残されてきたと考えられている。

ヒガンバナは、日本の東北地方以南と中国の揚子江流域に分布する。日本のヒガ

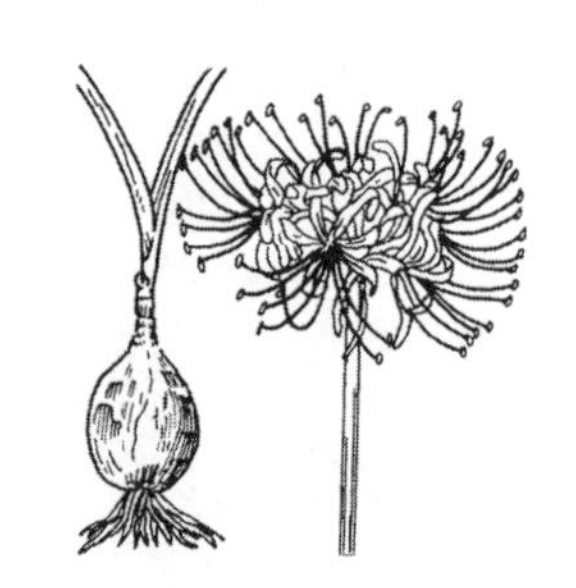

ンバナは、果実が熟して種子をつけるようなことはない。染色体が3倍体であるためである。したがって、日本のヒガンバナはすべて鱗茎による栄養繁殖によって全国に広がったのである。

ヒガンバナの染色体基本数は11で、日本のヒガンバナは33本の染色体をもっている。ふつうこのような3倍体では生殖細胞が正常にできないので、種子はできず、栄養繁殖にたよることになる。一方、中国のヒガンバナには2倍体と3倍体の両方がある。もちろん2倍体は種子ができ、栄養繁殖だけでなく種子繁殖も行っている。そのため日本のヒガンバナは自生ではなく、中国から稲作とともに縄文時代か弥生時代に持ち込まれたか、海流に運ばれて漂着した個体を起源にすると考えられている。

植物では種が分化するうえで、染色体の倍化を伴う事例が多い。たとえば日本の野生ギクは、海岸から高山まで約20種が知られている。このうち2倍体種はリュウノウギクなど6種で、他はすべて染色体が倍化してできた種と考えられており、4、6、8、10倍体がある。東北と北海道に見られるコハマギクや関東南部に見られるイソギクは10倍体である。

このような偶数の倍数体は、減数分裂をして正常な生殖細胞をつくることができるので種子繁殖ができ、遺伝的な多様性を維持することができる。他方、栄養繁殖では自分のクローンを増やしていくので、多様にならない。2倍体のヒガンバナから3倍体がたびたびでき、それが中国から何回も日本に移植されたのでない限り、日本のヒガンバナは遺伝的に均一なものと考えられる。

水田の草刈りを利用して上手に成長

ヒガンバナは花の時期には葉がなく、花が終わってから葉を伸ばし、冬を越して初夏には枯れてしまう。これは水田の周囲で繁殖するには都合のよい暮らし方である。水田の周辺はイネに十分な光を当て、農作業をしやすくするために、春から夏に草刈りが行われているので、その時期に葉がないヒガンバナは草刈りにはあわず、秋から冬に開葉して十分に成長できる。そのためにヒガンバナは水田の畔(あぜ)や土手などで多く目にすることができるのである。

（大森雄治）

倒木があって森林は更新されている

倒木の上に次世代の木が育つことで世代交代する

本州のシラビソやオオシラビソ、北海道のトドマツやエゾマツなど、亜高山帯（亜寒帯）の常緑針葉樹の森林を歩いたことがあるだろうか？　林床は、倒木も岩塊も完全に苔むし、まさに深山幽谷の森林である。

この常緑針葉樹林の林内を気をつけて見ると、森林内の常緑針葉樹の稚樹（ちじゅ）が、直線状に並んでいたり、一カ所に固まっていたりすることに気づく。さらに、近づいてよく観察すると、これらの稚樹は、蘇苔（せんたい）類に被われた苔むした倒木や、枯れ木の株跡などの上に生えていることがわかる。寿命や、自然災害により倒れた親木やその根株に種子が落ち、それが稚樹に育っているのである。この稚樹は、やがて親木の代わりを果たすことになる。このような倒木上や株跡に次世代の木が育つことで、森林の世代交代が行われることを、「倒木更新」という。

倒木の上に芽生えた種子は、稚樹となり、そのうちの何本かは、親木の代わりとなり、次世代の森林の一翼を担う。それでは、地表面に落ちた種子はどうなるのだろう。地表面に落ちた種子も発芽し、稚苗にはなる。しかし、その大部分は、その段階で枯れてしまう。なぜだろう。

倒木の上は、地表面に比べて住みやすい面がいくつかある。ひとつには、稚苗を死に至らしめる病原菌が少ないことである。これには雪の下の稚苗を枯らしてしまう暗色雪腐病菌などの病原菌が、倒木上には、地表に比べて少ないことが大きく関与している。

木の種類によって違う病原菌への抵抗性

病原菌に対する抵抗性は、樹種によっても違いがある。北海道のエゾマツとトドマツでは、トドマツのほうがこの抵抗性が高い。エゾマツの稚樹の大部分は倒木上でしか見ることができないのに対して、トドマツの稚樹は、倒木上にも、地表にも、そのどちらにも見られる。本州の森林でも同様で、シラビソやオオシラビソは、地表面上にも稚樹が認められるが、トウヒの稚樹は、大部分が倒木上のみに存在する。この場合では、トドマツ、シラビソ、オオシラビソはモミ属の樹種で、エゾマツとトウヒはトウヒ属の樹種である。少なくともここに挙げた樹種では属によって性質が異なり、稚樹の抵抗性が異なっている。

倒木更新が有利な点は、病原菌のほかにもある。それは、倒木が林床に生える他の植物をなぎ倒し、その部分だけササ類に被われるのを防ぐことである。日本の植生を考えるうえで、ササ類の存在は大きい。日本の森林では林床にササ類が繁茂していることが多いが、多くの草や稚樹はササの類に被われると、光を十分に受けることができず、生長できなくなり、枯れてしまう。倒木や株跡の存在は、ササのような、雛樹を被陰する他の植物の侵入を防ぐ役目もあるのである。（田中徳久）

海岸植物は波に乗って広がる

新たな陸地に最初に生えるのは、海流が運ぶ植物

多くの植物は海岸を嫌う。真水が得にくく乾燥し、潮風が強く、日差しが強すぎるからである。そのため、海岸にはごく限られた植物が生活しているのだが、一般にこのような特殊な環境に暮らす植物は、種は異なっても、互いに共通する特徴をもっている。たとえば植物本体では、葉が厚い、葉の表面に光沢がある、茎は横に這うなど、果実や種子などの散布体では、果皮や種皮がよく発達し、海水に浮き、しかも耐塩性があるなどがそれである。

これに対し、海中のアマモやスガモの仲間は海中で発芽して成長するので、果実

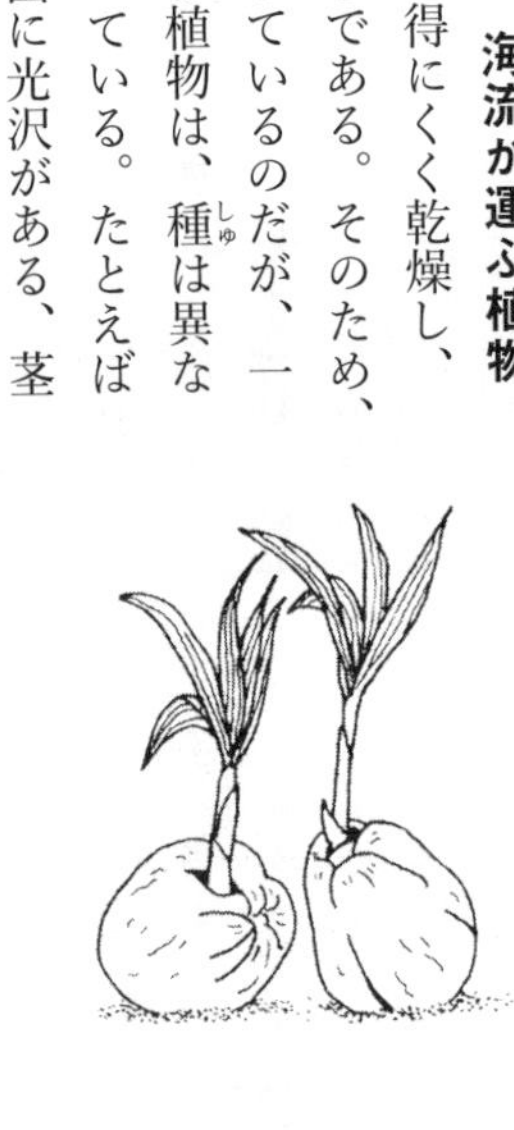

や種子が海面に浮くことはなく、乾燥には弱い。また、干潟に見られるアッケシソウやハママツナなどは、茎や葉にも耐塩性があり、果実や種子は海水に浮き、潮間帯上部の砂地や砂泥地に群生している。

「新たな海洋島が生まれると真っ先に生える植物は？」——つまり新たな陸地にどんな種子がどのように運ばれ、どんな植生が生まれるのかという興味深いテーマに挑む研究が、1883年に東南アジアの海域で、噴火のために生物のいない裸の島が出現してから100年間継続して行われた。そこにはまず、海流で運ばれる海岸植物と風で散布される植物が生えはじめ、3年後には鳥が運ぶ植物、25年後には人によって散布された植物が現れた。最初の30～40年間は海流散布による植物がもっとも多く、これらが島の植生のパイオニアであることがわかった。

遠き島より流れ着いてはみたものの…

島崎藤村の「椰子の実」の詩や歌で知られるように、ヤシの仲間は、長い時間かかって漂流し、流れ着いたところで芽を出し、成長する。関東地方にもココヤシやニッパヤシの果実が流れ着く。世界最大の果実は、セイシェル島のオオミヤシの果実であるが、長い漂流に耐えるため硬く丈夫な果皮とたくさんの養分を種子に供与し、重さはなんと20キログラムもある。しかしこれほどの大きさになると、じつは親のそばに落ちるだけで移動できず、皮肉なことにオオミヤシはこの島、セイシェル島の固有種のままである。

南から黒潮に乗って日本に運ばれてくる植物は、ヤシ類のほかに、ハマオモト、グンバイヒルガオ、ハマナタマメ、モダマ、ゴバンノアシなどがある。黒潮の流れ込む相模湾に面した三浦半島の西海岸にはたびたびグンバイヒルガオが砂浜で芽を出し、ある程度成長するが、無事に冬を越し、花を咲かせることはない。冬の寒さのために枯れてしまう。一方、ハマオモトやハマナタマメはかろうじて三浦半島に定着している。温暖化とともに、冬の寒さが緩めば、ハマオモトはさらに北上し、グンバイヒルガオは三浦半島でも繁殖できるようになるかもしれない。逆に、ハマナスは太平洋岸では茨城県、日本海側では鳥取県を分布の南限としている。こちらは、高山植物と同様、地球温暖化により分布域が後退する可能性がある。

このように分布の境界付近では、たえずさまざまな果実や種子が供給され、パイオニアにならんとして限界に臨む植物の姿を見ることができる。（大森雄治）

「虎視眈々（こしたんたん）」か「果報は寝て待て」か

体いっぱいに光を浴びるための戦い

光は植物の成長の源であるがゆえに、受光をめぐる競争も激しい。植物は、光を得るためにさまざまな工夫を行い、しのぎを削っている。つる植物が、光合成には貢献しない器官である茎への投資を節約して、つるで他の植物の幹をよじ登り、森林の上層の光条件のよいところに葉を広げるのも工夫のひとつである。

実生（種子から芽生えた幼い植物）は、光をめぐる競争には、とても不利な立場に立たされている。樹種により、幼いとき、悪い光条件に耐えるか、光条件がよくなるまで発芽もせず、種子のままで待機するといった方法を選択している。

前者の例として、イロハカエデやモミが挙げられる。光条件が悪いときには、わずかな光を有効に使うために、横に枝を伸ばし、できるだけ広い範囲から光を集めている。上方にあった木が枯れて光条件がよくなると、カエデもモミも上に伸びる枝に投資をして、一刻も早く上層に到達しようと努力の方向を切り替える。かくして、モミは高木層まで到達するが、イロハカエデの場合は亜高木層にとどまる。

アカメガシワやカラスザンショウのような木は、光条件がよくなるまで、何年でも種子のまま待つ。待っている間に食べられたり、腐ったりすることはあるが、明るいところでしか生きられないこれらの木は、暗い条件下で発芽してもみすみす枯れるだけなのである。上方にあった木が枯れて、光条件がよくなるといっせいに発芽して、競争に勝った運のよい木だけが成長できる。

よく発達した森の土に含まれる種子の量はかなりのものであり、明るいところで栽培すると、さまざまな植物の芽生えが出現する。概してこれらの木は成長がよく、あっという間に高木層に到達し、すぐに種子をつくる。しかし、これらの植物は、親の下では光が当たらず生きられないので、条件のよいところを転々とすることになる。

数百年の眠りから目を覚ますハスの種子

光を得て生き残るのに、これ以外の選択肢はないのだろうか？　じつは数打ちゃ当たるというやり方もある。さすがに、この戦略を取る植物は少ないが、ヤナギの仲間がこれに入る。ヤナギの仲間は初夏に毛の生えた軽い種子を大量に放出する。北京の風物詩となっている柳絮（りゅうじょ）がこれである（ただし本場の柳絮はポプラの仲間の果実）。ヤナギの種子は短命で、数日で発芽能力を失う。そのときまでに好適な場所にたどり着いた運のよい種子だけが発芽できる。

反対に寿命が長くて有名なのはハスの種子であろう。種子にはゆうに数百年の寿命があることがわかっている。オニバスやガシャモクなどは、種子が散布されてから数十年を経ても、条件が整えば発芽する。

植物によって種子の寿命はさまざまだが、常に耕作される畑の雑草などには、不安定な環境に適応した寿命の長いものが多い。取っても取っても雑草が生えてきたり、前年生えていなかった雑草が芽生えてきたりするのは、土に大量の体眠中の種子が残っているためである。

（天野　誠）

ハスの実

第3章

多彩な風景をはぐくむ植物

葉の経済学

エコロジーとエコノミー

エコロジーとエコノミーは語感が似ていないだろうか？　いずれも古代ギリシャ語のオイコス（家の意味）に由来する言葉である。エコロジー（生態学）は、生物のエコノミー（経済学）でもある。

光合成をする器官である葉は、水と二酸化炭素を原料にしてデンプンをつくる工場にたとえることができるだろう。植物は光合成を行いデンプンをつくるだけではなく、それを使って呼吸もしている。葉の光合成の能力が落ちてくると、合成されるデンプンよりも、呼吸で失われるデンプンの量が多くなる。継続してこの収支がマイナスになると、その葉を落として新しい葉に置き換えることに「経済学的な」意味が出てくる。もちろん、それ以前にあるいは一部はそれ以後に木が葉を落とすこともあるが、おおむね、植物の葉の入れ替えはこの原則にしたがっている。効率の悪くなった工場を閉鎖して、新しい工場を造るのになぞらえることができるだろう。

葉は低温や乾燥によって傷むだけでなく、光合成をすること自体によっても疲労が生じて、葉は徐々に老化する。いずれは古い葉を落として、新しい葉と入れ替えなくてはならない。結局、光合成の効率と一枚の葉を新調するコストのバランスが、一枚の葉の寿命を左右することになる。

葉をつくるコストと維持するコストのバランス取り

植物にとって乾燥と低温は大敵で、耐えられる限度を超えると葉を落としたりもする。また、光合成は化学反応なので、温度の影響を受ける。気温が低いと、光合成でできるデンプンの量は少なくなる。植物は、周期的に訪れる低温を、葉をつけたままで乗り切るか、落葉するかの選択が迫られる。

雨量が十分で、しかも温度が十分な熱帯降雨林では、森の背の高い木は、大部分が常緑広葉樹である。年間を通じての気温と降水量の変化が小さいので、季節ごとにいっせいに落葉することはなく、寿命の尽きた葉から順次落葉して、新しい葉を展開する。したがって木全体を見ると、常に葉が保持された状態になる。

少し温度の変化があり、冬寒くなる所ではどうだろうか？　九州や四国、本州の南部の地方の森や林に生える、背の高い木の多くは常緑広葉樹で、冬に葉を落とさない。ただし寒い季節には葉を出さないので、落葉の時期と出芽の時期がそろうようになる。常緑という点では同じでも、葉の入れ替えのサイクルでは熱帯降雨林と異なる。

一般に常緑広葉樹の葉の寿命は一年以上である。デンプンを生産するという面からは、しっかりした工場を造って、長い間操業することにたとえられるだろう。その生育地は、冬でもさほど気温が下がらないために、葉を維持しておくことができるのだ。

ブナやミズナラの林に代表される落葉広葉樹林では、背の高い木は葉を春に展開し、秋に落葉する。これは冬に葉を維持することができないためである。葉の寿命は一年未満であり、短期間しか使わないので、常緑のものに比べて葉は薄かったり、すぐに光合成の効率が落ちる。落葉樹林帯の中でもより気温の低い季節の長い厳し

い環境に生えるブナなどでは、蓄えのすべてを使って、春先に一度だけ葉を開く。光合成が盛んにできる温度の高い季節をフルに活用しないと、1年で使い捨てする葉のコストがまかなえないからである。

さらに温度の低い所では、常緑針葉樹林になる。針葉樹林では生産できるデンプンの量が少ないので、もはや葉を1年で捨てることは、コスト面でできない。年間を通じて光合成でつくるデンプンと呼吸で消費するデンプンの収支が合うようにし、さらに水も節約することで、冬の間も葉を維持し、同じ葉を何年も使う。

では、もっと寒い地方ではどうであろうか？　幹を高くすることで得られるメリットが小さくなり、もはや光を得る競争のために幹を高くすることができなくなる。光合成をしない幹に光合成でつくった物質を投資するゆとりも必然もないので、高木がなくなってしまうのである。そのために高山帯では、ごく背の低い木や草だけからなる「お花畑」の風景が広がっている。

（天野　誠）

陸上植物はなぜ緑色なのか？
——植物の色素

海の中の植物は赤や褐色など色とりどり

私たちは、草木の繁った場所を当然のことのように「緑地」と呼んでいたり、植物は緑色というのは当たり前と思っている。しかし海の中をのぞき、海中の草原や林、つまり海藻が繁茂した藻場を見ると、緑だけでなく、赤やオレンジ、茶色、こげ茶色とじつに多彩である。海の植物の色は、緑だけではないのである。

藻類のうち大型で、海に生育するものを海藻と呼んでいるが、これは色によって大きく3つのグループに分けられる。アオサやヒトエグサなどは緑藻、コンブやワカメやヒジキなどは褐藻、アサクサノリやテングサなどは紅藻と呼ぶ。

どの海藻も細胞内には、光合成を担う「葉緑素」と呼ばれる色素がある。これが1種であれば、どれも同じ緑色になるのだが、葉緑素には数種あり、同じ緑といってもそれぞれ違う緑色である。さらに色の要素としては、海藻には葉緑素のほかにも、褐藻素、紅藻素と呼ばれる色素があることが知られている。海藻はこれらの組み合わせにより、花はなくとも多彩な葉で、私たちを魅了しているのである。

葉緑素と褐藻素、紅藻素を確かめる実験

お湯とアルコールがあれば、これらの海藻が葉緑素以外の色素をもつことを、簡単に確かめることができる。海岸に打ち上げられた新鮮な褐藻をお湯に入れると、褐色がほとんど瞬時に緑色に変化する。また、紅い紅藻をアルコール（メチルアルコール）に入れると、やがて溶液は緑色に変化する。褐藻では褐藻素が熱で分解され、葉緑素は分解されずに残り、紅藻では葉緑素だけがアルコールに抽出されるためである。

褐藻素とも呼ばれるフコキサンチンは、細胞内ではたんぱく質と結合して赤色となり、これと葉緑素が共存すると、褐色に見える。実験では、熱によってフコキサンチンとたんぱく質が分離し、フコキサンチンそのものの橙黄色となって赤みが薄れ、そのため褐藻は褐色から緑色に変化したわけである。

一方、紅藻素のフィコエリトリンは、フィコビリン類がたんぱく質と結合したものである。これはメチルアルコールなどでは分離しないため、紅藻をアルコールに入れると、アルコール中には葉緑素だけが出て溶液は緑色になる。またフィコビリン類は水溶性なので、アサクサノリ（焼海苔でなく乾海苔の）を水に入れておくと、しばらくして水が赤くなる。

市販のワカメやコンブが鮮やかな緑色なのは、熱を通してから塩蔵されたためだ。刺身のツマとして鮮やかな緑色が食欲をそそる褐藻類のオゴノリも、海岸ではもちろん褐色である。

歴史を振り返るときはしばしば「もしも」と考えたくなるものだが、もしも数億年前に、乾燥に耐えて、海から陸に上がった植物が緑藻ではなく褐藻や紅藻であったなら、陸上の森や林や草原は茶色や赤色になったかもしれず、いずれもが上陸すれば、陸上も海中の藻場のように、秋だけでなく一年中色とりどりになったはずである。

（大森雄治）

海に生きる木々ーマングローブ

20メートルにも広がる根張り

熱帯や亜熱帯の海岸から河口にかけて発達する森林をマングローブと呼び、そこに生育する植物をマングローブ植物という。世界でおよそ40種類ほどが知られ、その生育環境に適応した特殊な性質が数多く備わっている。

まず、第一に根のかたちである。マングローブ植物は、海中の泥土の中に根を張るため、物理的に非常に不安定で、しかも泥土中は酸素が欠乏している。この環境に対応するため、マングローブ植物の根はさまざまなかたちをしている。

西表島などにも生育するヤエヤマヒルギ（ヒルギ科）の根は、空気中の幹の途中

から何本も支柱根を泥中に伸ばし、タコ足状に四方に広がる。これは、潮が満ち引きする柔らかい泥の上で植物体を安定させたり、泥土で欠乏する酸素を空気中から補うために役立っている。

中南米に生育するヤエヤマヒルギの仲間のリゾフォラ・マングレは、最大で高さ50メートルにも成長する。その高木を支える支柱根は、地上10メートルもの高さから伸びていて、その根張り域の直径は、じつに20メートルにも及ぶのだから驚かされる。

脱水症状をおこさないための方法

第二の特殊な性質は、海水への耐性である。マングローブの生育環境は潮の干満によって海水と淡水が交互に入れ替わる場所である。維管束植物のほとんどは、塩分の多い環境では浸透圧の働きにより、脱水状態を起こし、生存することができない。そのため、マングローブ植物は、体内の浸透圧を高くすることによって、海水からでも水を吸収できるしくみを備えている。また、ツノヤブコウジ（サクラソウ科）などは、体内に蓄積した塩分を葉の塩類腺という器官から、塩として排出する方法を獲得している。

第三に、ヒルギ科とイソマツ科の一部に限られる特性として、胎生種子がある。受精が終わると、種子はそのまま発芽し、果皮を突き破って伸長して幼植物となる。母樹についたまま新しい個体ができるので「胎生」と呼ぶ。10～数十センチにも成長した胎生種子由来の幼植物は、母樹から落下し、それが泥の上ならば、突き刺さって根を出し、葉を展開することができる。しかし、満潮などで水が深いときは、水面に浮いて流されていく。「漂木（ヒルギ）」の名はこのような性質に由来する。実際に、西表島などの海岸では、たくさんの打ち上げられた胎生種子を見ることができる。

ここまでにいくつかの科が出てきたことからもわかるように、マングローブはまとまった植物群ではなく、いろいろなグループの集まりなのである。それはつまり、各グループの植物がそれぞれに陸から海辺へ進出する際に、特殊な根の形態や海水耐性という性質を独自に進化させた興味深い歴史を表しているのである。

（田中法生）

なぜ枯れないの？　干潟の塩生植物

干潟が消え、塩生植物の危機

干潟など塩沼地に生え、塩分の濃い環境に生理的に適応し、植物体内の塩分濃度を制御できる植物を「塩生植物」と呼んでいる。かつては潮干狩りなどで親しまれ、塩生植物が群生していた干潟も東京や大阪のような大都市周辺の海岸から消えて久しい。人工的な干潟をつくっても、水鳥はやって来るが、塩生植物まではなかなか戻らないようだ。

もっとも有名な塩生植物は、九州南部以南の海岸河口に見られるマングローブをつくる植物である。本州中南部ではハマボウの林がマングローブと置き換わり、さらに北部ではホソバハマアカザやハママツナ、シバナ、アッケシソウなどの塩生の草本植生になる。東京湾湾奥に面した横浜では明治時代にシバナが採集されている。

植物は、気孔から二酸化炭素を取り込んで光合成し、一方で水分を蒸散させている。地中が乾燥したり塩分濃度が高くなると、根から葉に十分な水が供給されなくなり、蒸散による水分の欠乏を防ぐために気孔は閉じてしまう。そのため葉は二酸化炭素を取り込めず、光合成が停止する。それに塩による障害が加わり、植物は枯れてしまうのである。マングローブの多くが、親の体の上で発芽・成長し、幼植物をつくるが、それは地中の高濃度の塩分によって発芽が阻害されるのを避けるためと考えられている。

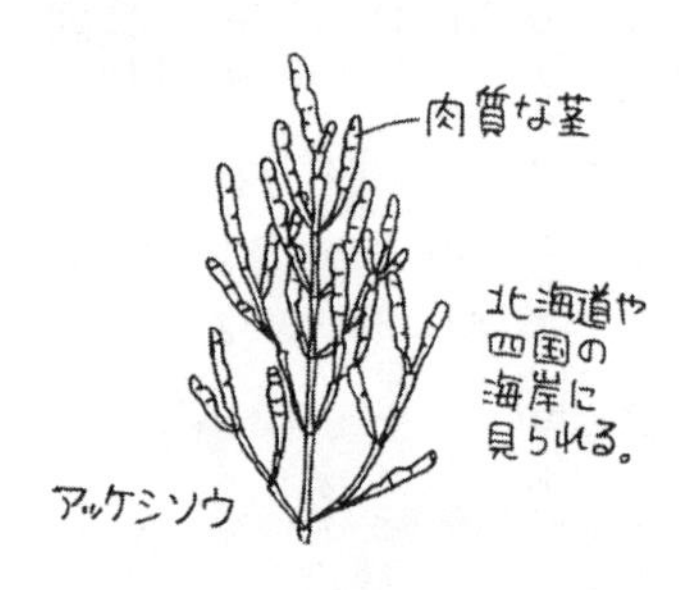

巧みな高濃度塩分排出システム

干潟で生育する植物は、高濃度の塩分に対しどのように対応しているのだろう？

マングローブの構成種のひとつ、ヤエヤマヒルギの葉は塩類腺を有し、液胞に塩類を蓄えることで細胞の浸透圧を高め、塩水から水だけを吸収し、余分な塩類を塩類腺から排出している。

アカザ属の葉では、塩類嚢（のう）のある塩毛という特殊な毛をもち、余分な塩類を一時的にそこに蓄え、濃度が高くなると塩毛を落とし、新たな塩毛をつくる。さらにイグサ属では古い葉に塩分を蓄積し、ある程度以上の濃度になるとその葉全体を落として、新しい葉と入れ換えている。

塩生植物の中には、その生活史の一部にある程度の塩類を必要とする植物もある。しかし多くは内陸の普通の環境で十分育つ。ただし、塩生植物は一般に肉厚な葉をもつが、内陸に移植するとこのような特徴は消え、普通の薄い葉になってしまう。

塩生植物は内陸では他の環境要因、たとえば光を獲得する競争では普通の植物に負けてしまい、内陸に分布を広げられないと推測されるが、ライバルの少ない干潟などでは、しばしば大きな群落をつくっている。つまり、これらの植物を残すには、干潟という環境をそのまま残す以外にないのである。

（大森雄治）

全長200メートル！地球上最長の植物

巨大な海藻――マクロキスティス

陸上で最長の植物としては、オーストラリアのユーカリの一種が132・5メートル、アメリカのセコイアが112メートルの記録がある。しかし地球上で最大の動物が、海のシロナガスクジラであるように、地球上最長の植物はときに長さ200メートルになる海藻マクロキスティスである（通常は長さ50～60メートル）。これは新幹線8両分の長さに相当する。

マクロキスティスは北アメリカのカリフォルニアから南アメリカのアルゼンチンの大西洋側まで分布する。水深40メートルまで見られ、コンブの仲間であるが、ホ

マクロキスティス

ンダワラ類と同じように葉のつけ根に気嚢(のう)と呼ばれる浮きがあり、海底から海面まで立ち上がって、先端は海面を漂う。マクロキスティスの海中林はラッコや魚類の住みかとなっている。また、アラメやカジメの寿命は約5年、コンブ類は長くて3年であるのに対し、マクロキスティスは30年と、海藻としては異例の長寿である。

これほどの大きさになるマクロキスティスも、受精卵は10分の1ミリ以下で、それがほんの1年以内に20メートルほどの胞子体になるのだから驚く。この胞子体から遊走子(ゆうそうし)が出て、糸状の雌雄の配偶体ができ、それぞれに卵と精子ができる。卵は受精するとすぐに発芽し、胞子体に成長するのである。この巨大な海藻は、肥料や飼料などに利用されている。

食用コンブは北半球に豊富

コンブ類は北極域に起源した海藻で、そのため北半球では100種以上あるが、南半球では10種ほどである。現在は熱帯と亜熱帯地域には見られない。日本には37種が分布し、マコンブをはじめ、リシリコンブ、ミツイシコンブなど主産地名が和名となったものや、お湯をかけるととろろのようになることから名づけられたトロロコンブなどもあり、多様な種が食材に用いられている。なかでも北方系のコンブは食品として重要なものが多い。

コンブの流通は平安時代の貢納品の記録までさかのぼることができる。日本海側には専用の流通ルートがあり、北海道の松前からコンブ船が若狭湾を経由して、小倉、尾道を回り大阪へと運ばれ、大阪が最大の集散地であった。大阪から沖縄へ、さらに中国へも輸出された。コンブは今でも、精進料理、京菓子、沖縄料理、中華料理には欠かせない素材となっている。一方、江戸へも運ばれたが、関東では高価で需要が伸びなかったため、コンブを使った料理は発達しなかった。

南方系のコンブ類には、もっとも身近な海藻であるワカメや、海底に群生して海中林をつくるアラメ、カジメなどがある。日本海に特産するツルアラメは深い海中に生える海藻としても知られる。水深199メートルから採集された記録があり、これは、海藻の生育地としては世界最深である。ワカメはほぼ全国に分布するが、本州南西部太平洋側と北海道東部には分布しない。また、かつては天然ものばかりであったが、1955年ごろから岩手県・宮城県で始められた養殖が全国に広まり、現在市場のワカメのほとんどは養殖ものである。

（大森雄治）

世界一長い海草は日本固有のタチアマモ

海藻と海草、どう違うのか？

淡水中に見られる植物は、「水草」と呼ばれるのに対し、海中の植物はふつう「海藻」と呼ばれる。水草のほとんどは茎と葉と根が区別され、花と果実をつける種子植物であるが、海藻は、茎と葉と根の明瞭な区別がなく、胞子で殖える藻類である。

根や茎が発達しなかった「海藻」は、波で移動する砂地や砂泥地には固着することができず、多くは基盤の動かない磯で生育する。そこに目をつけたのが海藻とは異なる「海草」である。海草はアマモ科やトチカガミ科などに属する種子植物で、ミズクサ（水草）に対してウミクサ（海草）とも呼ばれる。

海草はアマモをはじめとして、世界で60種ほどしか知られていない少数派で、一生を海中で過ごす。種子植物では極端な異端派であるが、立派な茎や根をもち、多くは浅海の砂地や砂泥地に、藻場（もば）と呼ばれる大きな群落をつくって繁茂している。海藻という競争相手のいない場所で、海の草原、海の林をつくり出したのである。

アマモ類の多くは、太い根茎が枝分かれしながら長く這い、根茎の先端からリボン状の葉を束生する。海底に網目のように密生した根茎と根の周りには、ゴカイや貝やカニなど底生の動物が多く棲息し、葉の上には小型の海藻が付着し、多くの小動物に住みかを提供している。その上、アマモの群落は草原のようにたくさんの葉で覆われ、海が荒れても藻場の中はおだやかで、魚やイカなどが産卵し、子魚が育つ大切な場所ともなっている。その役割から、藻場は海のゆりかごとも呼ばれる。

背の高いタチアマモの藻場はまるで竹林

南北に長い日本列島では、16種の海草が記録されている。南西諸島に分布する海草のほとんどは、ウミショウブやボウバアマモなど、広く太平洋の熱帯に分布する広域分布種であるが、日本に分布するアマモ属5種中の3種は、太平洋北西部に固有な種（しゅ）である。オオアマモ、タチアマモ、スゲアマモと呼ばれ、いずれも1932

年に新種として発表された。どの種も個性豊かで、アマモとの違いは明瞭であるが、なにしろ海の中のことなので、残念ながらそれまで日本ではほとんど知られていなかった。しかし、三浦半島の漁師は昔からタチアマモを「タカモ」と呼んで、「アジモ」と呼ぶアマモから区別してきたというから、さすがというべきか。

このタチアマモは本州の中部と北部に分布し、北海道や四国・九州では知られていない。波静かな内湾の砂泥地の水深3、4メートルから15、16メートルの海底に群生している。長さは相模湾で5メートル、三陸沿岸では7メートルにもなる。直立した茎からは側枝が出て、花を咲かせ、主茎の先端には4、5枚の葉がついている。背丈7メートルのタチアマモの藻場に入ると、草原というより竹林にいる感じである。世界でもっとも長い海草といわれている。

（大森雄治）

巨大なスギナやヒカゲノカズラ——古生代の植物

高さ10メートルを越える巨大なスギナが繁っていた時代

現在のスギナやヒカゲノカズラなどからはとても想像できないが、3億5000万年前から2億6000万年前の古生代石炭紀から三畳紀にかけて、木本性のヒカゲノカズラ類やトクサ類、シダ類のほか、シダ類に似た葉に種子をつけるシダ種子植物や、材の特徴は裸子植物に似ているのに胞子で繁殖する前裸子植物と呼ばれる、高さ10メートルを越える巨大な植物が広く地球を覆っていた。

地球上で最初の陸上植物は、約4億9000万～4億5400万年前のオルドビス紀からデボン紀に現れたコケ植物であるらしい。次に現れたのが、デボン紀の地層から発見されたアグラオフィトンやホルネオフィトンと呼ばれる植物群（前維管束植物）で、茎が二又あるいは不規則に繰り返し枝分かれし、茎の先端には楕円形の胞子嚢をつけていた。根も葉もないとても単純なつくりで、いずれも20センチに満たない小型の植物である。さらにリニアなど維管束をもつ植物が出現し、大型化してゆく。

葉を透かしてみると、網目状にあるいは平行に走る葉脈が見える。この葉脈や、茎や枝の内部にある管と周囲の部分（組織）を維管束という。維管束は木部と師部からなり、水を輸送する仮導管や導管、光合成産物などを輸送する師部細胞、植物体を支える木部繊維や師部繊維などからなる植物体内の物質の通導組織をいう。高さ数メートルまでに成長するには、大きな体を支え、葉や茎や根の隅々まで水やさまざまな物質を運ぶ、このような器官・組織の発達が必要不可欠であった。

レピドデンドロンやシギラリアと呼ばれる大型の木本性ヒカゲノカズラ類は、高さが30〜35メートル、幹の直径は1〜2メートルで、茎の基部には大きな根が横に張り出していた。ヒカゲノカズラ類の葉は1本の維管束があるのみで小葉と呼ばれ、ふつう鱗片状で小型であるが、木本性ヒカゲノカズラ類では長さ1メートルに及ぶ。葉が落ちると幹や茎、枝の部分にうろこ状に跡が残るため「鱗木」と呼ばれる。

スギナやトクサの先祖にあたる大型の植物はカラミテスと呼ばれ、こちらも高さは20メートルになる。その地下茎は水平に伸びてよく発達し、葉が輪生することや弾糸をもった胞子などは、現在見られるスギナやトクサなどとそっくりである。

裸子植物が急激に衰退、生き残ったのはわずかな種

これらの鱗木やカラミテスなどの植物群は、他のシダ植物とともに石炭紀に繁栄した。大量に蓄積した遺骸は、その後石炭や石油などの化石燃料となり、現代の私たちの生活を支える重要なエネルギー源となっている。

しかし、時代が古生代のペルム紀から中生代の三畳紀へと大きく変わる頃、いずれの植物群も急激に衰退し、裸子植物が繁栄するジュラ紀へと移る。さらに中世代が終わる白亜紀には、被子植物が出現する。後期白亜紀には裸子植物が急激に衰退し、地球環境の変化や昆虫類の進化とともに、被子植物は爆発的に分化し、多様化し、あらゆる環境に適応した体をつくりあげた。

古生代に栄え、当時の全陸地を覆っていた植物たちも、現在ではヒカゲノカズラ類がマンネンスギやトウゲシバなど４００種、トクサ類がトクサやスギナなどわずか15種が残されているだけである。

（大森雄治）

海岸にもヒマラヤにもエゾツルキンバイ

海岸にもヒマラヤにも生える

日本の海岸とヒマラヤの高山に同じ植物が生えている、と聞いたら信じられるだろうか？　かたや潮水をかぶるような湿った場所なのに対し、かたや荒涼とした岩と雪ばかりの環境なのである。

バラ科キジムシロ属の一種、エゾツルキンバイは、日本では北海道や東北地方の海岸近くに生育する。これに対してヒマラヤでは、標高4000メートルから5000メートルの高山の草地や荒れ地に生育しているのである。エゾツルキンバイは長く這うほふく枝を出し、ほふく枝の上に花をつける。花は5枚の黄金色の花弁が目立つ。花のあと、匍匐枝の葉の基部から根と葉を出し、新たな個体として生長する。伸ばした根の先は膨れ、そこにデンプンが蓄積される。チベットではこの部分を薬用や食料として利用する。

海岸と高山の意外な共通点

一見まったく異なった環境に思える海岸と高山ではあるが、じつは植物にとっては似たような環境なのかも知れない。というのは、海水の塩分濃度は植物の細胞内の塩分濃度よりも高いため、逆に水分は体の外に出て行ってしまうのである。したがって、海岸に生える植物は海水をそのまま利用することはできず、周りに水はあっても、生理的には乾燥状態にあると考えられる。

一方、エゾツルキンバイが生育するヒマラヤの高山帯は、ヒマラヤの中でも比較的乾燥した地域である。また、強い光と強い風のために、体からの水分の蒸発も激しいと考えられる。このエゾツルキンバイの例でみられるように、日本の海岸とヒマラヤ高山帯は、植物の生育地の水分条件に関してとても厳しい環境である、という点では共通している。

ヒマラヤに生育する植物の中には、氷河期に分布を南に広げたものが、気候の温暖化によって分布を北に移動する過程でヒマラヤに取り残されたと考えられるもの

▲エゾツルキンバイ。日本では６月から７月にかけて、北海道や東北地方の海岸で黄金色の花を咲かせる。

が多く知られ、「周北極要素」と呼ばれている。「周北極要素」には、同じバラ科キジムシロ属のキンロバイや、タデ科のジンヨウスイバなどが挙げられ、エゾツルキンバイもそのような仲間のひとつと考えられる。分布地が移動する過程で、他の植物が生育できない厳しい環境に適応して生き残った、したたかな植物なのかもしれない。

（池田　博）

サツキはなぜ険しい渓岸を好むのか

サツキのルーツは関東地方西部から近畿地方が中心

6月頃、ほかのツツジより遅れて街路樹の下や公園を朱色に染めているのが、サツキである。サツキは他のツツジ類とともに、古くから園芸的に利用されており、多くの園芸品種が知られる。広く栽培されるようになったのは、江戸時代に入ってからであるが、その栽培の歴史は、鎌倉時代以前までさかのぼるともいわれる。1600年代中頃、ツツジの栽培が大ブームとなったが、その頃すでにサツキの栽培品種は160ほどが知られていた。

ところで、そんなサツキの原種には、どこに行けば会えるのだろう。サツキの自生地はそんなに多くない。福島県、関東地方西部以西の本州、屋久島にかけ、数カ所に点在するのみである。宮ヶ瀬ダムの完成のために水没し、自然分布が失われてしまった神奈川県を流れる中津川（相模川水系）のように、その状況は予断を許さないケースも多い。

切り立った渓谷にへばりつくサツキ

サツキは、渓谷の切り立った岩上に生育する。その水面からの位置は、通常は水をかぶることはないが、増水時には水没しそうになる、そんな場所である。渓谷の岸壁に生える植物には、サツキのほかにもナルコスゲやケイリユウタチツボスミレ、ヤシャゼンマイなどがあり、渓流沿い植物とか、渓岸植物などと呼ばれる。

▲道志川渓谷のサツキとウラハグサの群落

また、サツキ自身は、平坦な岩棚よりも、傾斜の急な岩のすき間に多い。陽光がよく当たる場所でありながら、あまり乾燥しない適湿な立地を好むなど、場所の好みはなかなかうるさいようである。

関東地方の場合、このような岸壁では、一番水面に近い、通常の低水位時でも飛沫を浴びるような立地に、ナルコスゲやヤシャゼンマイなどが、少し上の岩棚状の立地に、ケイリュウタチツボスミレやサガミニガナ、ホソバコンギクなどが生育し、その上にウラハグサやヒメウツギなどとともにサツキが出現する。水面からの距離、つまりいろいろな段階の増水により、水没する頻度の違いによって、帯状に植物群落が移り変わるのが観察されるのである。

渓流沿い植物は、世界で700種近い種（しゅ）が知られるが、この種数は調査が進めば進むほど、まだまだ増えそうである。

渓流沿い植物のメッカとして知られるのは、東南アジアのボルネオである。晴天が続いたときの低水位と、増水時の高水位の間の、頻繁に水流に没する渓流帯と呼ばれる帯状の場所に多くの渓流沿い植物が生育する。雨の多いボルネオでは、このような渓流帯は、週に数回濁流にのまれることがあるという。このような場所では、

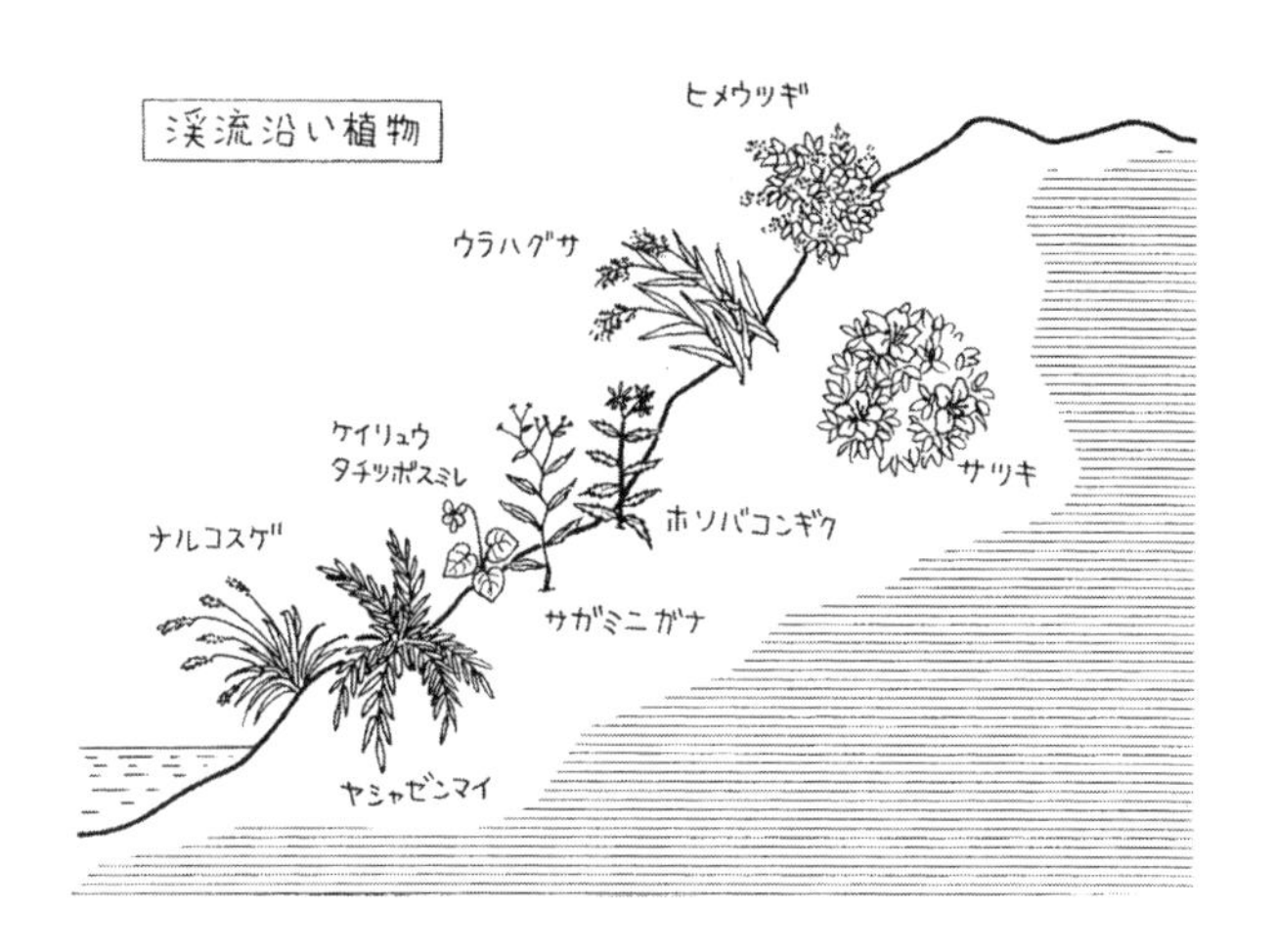

渓流沿い植物も多様で、種数が多い。
日本は雨が多く、地形が急峻であるため渓谷がよく発達し、サツキをはじめとする渓流沿い植物が比較的多い。これらの植物は、時に濁流に飲み込まれても流されないように固着能力が高く、水圧を受けにくくするため、葉が細い流線型をしているものが多いなどの特徴がある。
（田中徳久）

雪田のドーナツ状植物群落

種の違いや開花期の違いを一度に観察できる!?

地球上どこに行っても同じ植物が生えているわけではないことは、いろいろな経験を通して広く理解されていることだろう。これは植物の生育が、温度や水の条件などに左右されることによる。

富士山や日本アルプスなどの高い山に登ると、下では花が終わっているのに、標高の高いところではまだつぼみが開いたばかりだったり、登るにつれて麓には見られない草花が現れたりする。これは、ひとつの山でも標高の低いところと高いところでは温度やその他の環境条件に差があることと関係している。

高山には、雪田と呼ばれる、地形の関係で残雪が春遅くまで残るところがある。雪田は、ごく限られたせまい範囲でも、環境の微妙な違いが、生育している植物の

▲雪が解けるのを待ちわびていた草花がいっせいに花を咲かせる

種の違いを生む。また、開花期の違いをかいま見ることもできる、絶好の観察の場でもある。

雪田を中心としてドーナツ状に広がる植物群落

雪田は、高山の主に尾根の風下側の窪地に雪が吹きだまることで形成され、その周辺には、独特な植物群落が成立する。特に雪の多い日本海側では、雪田とその周辺の雪田植生がよく発達している。

雪田の雪は周りから解け、地面が顔を出しはじめる。この周辺と中心部分の雪の解ける時期の違いにより、植物の生育期間が異なるため、種類相と生育段階の異なる植物群落が、雪田内にドーナツ状に広がるのである。もちろん、雪田に対して、斜面の上部と下部では、雪の解ける速さも、地形なども異なり、雪田の中心に対して歪んだドーナツ状になるので、注意が必要ではある。

もっとも早く雪が解ける周辺部は、チシマザサなどのササ原か、ナナカマドやミネカエデという落葉広葉樹の低木林がある（ちなみに高山帯の代表的な樹木であるハイマツは、そのさらに外側や風上側の積雪の少ない立地などに多い）。このあたりは、6月中には積雪から解放され、秋には美しい紅葉が見られる。そして、やっと7月以降になって積雪から解放される中心に近い場所は、矮性低木や草本植物の群落となるが、もちろん、その融雪時期の違いを反映し、帯状あるいは同心円状に異なった群落が並ぶ。

また、同じ雪田周辺でも少し高まった尾根上の、融雪後多少とも乾きやすい場所には、アオノツガザクラを中心とした群落が、逆に窪んで湿った場所にはイワイチョウやショウジョウスゲなどを中心とした群落が成立する。このほかにも、チングルマを中心とした群落、ハクサンコザクラなどを中心とした群落―中部地方から東北地方南部ではハクサンコザクラであるが、東北地方では同様の立地をヒナザクラが、北海道ではエゾコザクラが占める――なども、代表的な雪田植生である。さらに、雪田の中心に近づくと、雪が消えても、そこには種子植物やシダ植物は生育できず、蘇苔類や地衣類のみが生育する、土壌の少ない砂礫状の立地となってしまう。

雪の下は意外に温かい。ヒナザクラやイワイチョウなどは、積雪下ですでに芽を出している。融雪後、数日で葉を開き花を咲かせ、20日後ぐらいには花も終わり、果実が実っている。低山や低地の植物では、春から秋へと半年ほどが必要な生活史であるところを、1カ月足らずの長さに短縮された生活史を送っているのである。

雪田周辺の植物は、このような生活史をもつことで、雪田という厳しい環境でも、花を咲かせ、果実を実らせていくことができるのである。

（田中徳久）

神津島の〝擬似高山帯〟と〝砂漠〟

伊豆七島・神津島の多様な植生景観

伊豆七島は、北から大島、利島、新島、神津島、三宅島、御蔵島、八丈島と並ぶ7つの島（式根島はかつて新島と陸続きであった経緯により数えられない）を指す。これらの島々は、それぞれに独特の自然が発達し、興味深い。これは、大島や三宅島、御蔵島、八丈島は玄武岩質で、新島、神津島は流紋岩質であることや、それぞれの島の形成年代、噴火の経歴などの相違によって生じたものである。

御蔵島の断崖上には、七島でもっとも発達しているといえる照葉樹林が広がる。1983年の噴火後、序々にその美しさを取り戻しつつあった三宅島の照葉樹林は、2000年の噴火でどのような影響を受けただろう。八丈島では、噴火年代の異なる西山（八丈富士）と東山（三原山）で、異なった植物群落が発達している。たが、伊豆七島の中でもとりわけ興味深いのが神津島であり、その中心に位置する天上山の植物群落である。

神津島は、流紋岩類を基盤とする火山島である。天上山は、その中央部に位置する標高600メートルに満たない低い山である。天上山の山腹は急峻であるが、山頂部は比較的平らな台地状である。遠くから見ると、跳び箱のようにも見える。

この天上山の山裾には、ほかの低海抜地と同様な照葉樹林が広がっている。北側の登山道から天上山に登りはじめると、海抜370メートル付近からスダジイやカクレミノなどを主体とする低木林となる。そして、440メートル付近から上部では、オオシマツツジやクロマツなどがまばらに生える低木林に変わる。山頂部は、地形などの立地の違いを反映し、低木林や、風衝型の矮性低木林が広がっているが、一部には〝砂漠〟と呼ばれる火山性の砂礫地が広がり、オオシマツツジなどが島状に点在して生えている。

日本アルプスの高山帯そっくりの天上山の擬似高山帯

「擬似高山帯」という言葉は、学問的に定義されたものではなく、単に天上山の景観が日本アルプスの高山帯の景観とあまりにも類似していることから思いついたものである。天上山の山腹上部に成立しているオオシマツツジやクロマツなどの低木林の景観は、生えている植物の種類こそ異なるものの、日本アルプスなどの2500メートルを超える高山で目にする景観にそっくりである。天上山に生える地を這うクロマツは、まるで高山に生えるハイマツのように見える。

この擬似高山帯は、天上山の崩れやすい山体と、絶海に浮かぶ孤島に吹きつける風がつくり出したものであると考えられる。標高的には、照葉樹林に被われていてもおかしくない天上山であるが、くずれ続ける急峻な山腹の斜面が森林を維持できないのである。また、常に吹き続ける風が、樹木が高く育つことを妨げている。

天上山の山頂部には、いくつかの火山性の砂礫地が広がっており、観光パンフレットには、〝砂漠〟と記されている。この砂漠には、オオシマツツジが、大小取り混ぜた島状のパッチをつくって生育している。小さな島は直径30センチ、高さ10センチほどであるが、大きなものでは、直径300センチ、高さ150センチにもなる。砂漠の島状の植物群落は、砂礫の移動により、埋没しては植物が伸張し、そしてまた埋没しての繰り返しにより形成されたと考えられる。

▲オオシマツツジが島状のパッチを形成している〝砂漠〟の景観（神津島天上山）

神津島が最後に噴火したのは、西暦838年だといわれ、その際に天上山が形成されたとされている。天上山の特殊な植物群落は、破壊と生長を繰り返し、1000年以上の年月をかけ、やっと今の状態までこぎついたのである。

（田中徳久）

ヒマラヤのお花畑のガーデナー

西洋の庭園のようなお花畑

ヒマラヤの高山の写真をご覧になったことがあるだろうか？　きれいに刈り込まれた緑のじゅうたんの中に色とりどりの花が咲き誇り、その中に盆栽のようにせん定された低木がぽつぽつと立っている風景もあったのではないかと思う。まるでどこか西洋の庭園を思わせる風景であるが、このような風景は決して自然にできあがったものではない。放牧された家畜がつくり出したものである。

ヒマラヤでは、シェルパ族などの高地民族が、夏の間にヒツジやヤギ、ヤク（高山性の毛の長いウシの仲間の動物）などの家畜を、高山の草原に放して肥育するとともに、絞った乳からヨーグルトやチーズなどの乳製品をつくっている。彼らは秋がきて、雪が降り出す前に家畜とともに山を降り、山麓の村で生活するという季節的な移牧生活を送っている。

家畜と植物の攻防

家畜は生きるため、また次世代の子どもを残すために草をはむ。草は家畜によって伸びた部分は食べられ、地表近くの家畜の口でもくわえることができないような部分だけが残る。また、低木ではやわらかい芽は食べられ、古くて固い部分だけが残される。その結果として、刈り込まれた緑のじゅうたんと、盆栽のような低木からなる景観ができあがるのである。

しかし、植物の側もやすやすと食べられているばかりではない。お花畑で花を開いている植物を見ると、系統的に同じ仲間が多いことに気がつく。

黄色の花はキンポウゲの仲間やキジムシロの仲間、ピンク色はフウロソウの仲間やサクラソウの仲間、紫はリンドウの仲間が多い。これらの植物は、体に毒を含んでいたり、とても苦い成分を有していたりする。家畜もそれを知っていて、これらの植物を避けるようにして他の植物を食べている。野外で観察してみると、家畜はキジムシロの仲間などを時折口にすることもあるが、すぐに吐き出してしまう。彼らは食べられる植物と、食べられない植物を区別しているのである。

また、低木になるバラの仲間やメギの仲間などの植物には、枝に刺のある種(しゅ)が多いのに気がつく。家畜は若い葉や枝を食べることはできるが、古い硬い刺の生えた枝を食べることができず、木の中心まで食べられるのを防いでいる。その結果、残された低木は盆栽状にせん定された姿態を呈するようになるのである。

ヒマラヤの高山帯のお花畑は、家畜と植物の攻防によって維持されている庭園ということもできる。

(池田　博)

砂漠の中のお花畑――ロマスの植物

荒涼とした砂漠に突然現れるお花畑

南アメリカ大陸を縦断するアンデス山脈の西側の太平洋沿岸には、乾燥した砂漠が細長く続いている。灰色の砂漠の中には、半月型のドゥーナ（半月弧）が突如として現れる。直径何十メートルにもなる風のいたずらの産物である。

その数々のドゥーナの間を通り抜けると、今度は赤茶けた山肌の渓谷へと変わる。遠くアンデス山脈からの雪解け水が谷に落ち、太平洋へと向かう。渓谷を抜け出ると、また灰色の砂漠が果てしなく続いている。そんな荒涼とした砂漠の中に突然「菜の花畑」かと見まごうお花畑が現れる。ロアサ（ロアサ科）の群落である。植物全体に鋭い刺状の毛をもち、露がびっしりとついている。また、お花畑の中にはところどころ松のようなカジュアリナ（モクマオウ科）の木陰がある。その一本一本の茎からは露がぽたぽたと落ちてくる。

いったいこの露はどこからくるのだろうか。南米大陸の西側、太平洋沿岸は世界でももっとも降雨量の少ない場所として知られている。しかし赤道付近の湿った暖かい大気が沿岸を流れる寒流（フンボルト海流）により冷却され、層雲が発達するために湿度は高くなる。層雲が沿岸域に侵入し、地表面に接するとそれはまさに霧となる。この水をうまく利用して植物は種子を発芽させ、開花、結実と着実に子孫を残す。

このようにして成立した植物群落は「ロマス」と呼ばれ、砂漠の中に点々と現れる。「ロマ」とはスペイン語で「丘」を意味し、そのような地形条件のところが霧を受けやすく、ロマスが成立しやすい。太平洋から上がってくる層雲は特に冬から春にかけて発達し、ロマスは9月頃から3、4ヵ月だけ姿を現し、その後はまた元の荒涼とした砂漠に戻ってしまう。

乾燥した大地でたくましく生きる工夫

厳しい自然環境下にあっても、砂漠には一年草から多年草、低木に至るさまざまな植物が生育している。乾燥に耐えるため蒸散を抑えられるように葉を刺に変えたり（サボテン科）、空気中の湿度を利用できるように植物体表面に繊毛をつけたり（ロアサ、ノラナ）、乾燥の厳しい日中は気孔を閉じ、夜間に開いて呼吸をするベンケイソウ型酸代謝（CAM）と呼ばれる特殊な光合成機能をもったり（カランドリニア）、風の強い砂漠で、効率よく種子散布ができるように螺旋型に曲がった莢（さや）をつけたり（キョウチクトウ科）と、さまざまである。

ロマスの出現にはエルニーニョの影響も外せない。数年に一度生じるといわれるエルニーニョは、この地域に多量の雨をもたらし、砂漠に大規模なロマスを形成する。その一方で、水を吸収することのできない岩盤状の地表面などを、あっという間に海へと流してしまうのである。自然の偉大さと脅威が棲むところである。

（田中法生）

第4章

動物も手玉にとる植物のすご腕

ホタルブクロとハナバチ

ホタルブクロの巧みな雄性先熟のしくみ

花とその訪花昆虫に密接な関係があることは、よく知られている。マダガスカルのキサントバン・スズメガとアングレークムというランのように、特定の植物種と昆虫種による一対一の関係もあるが、多くは多対多の関係である。

日本の本州、四国、九州に分布するキキョウ科のホタルブクロは、ハナバチが花粉を運ぶ典型的な植物のひとつである。花のかたちは釣り鐘状で、主としてマルハナバチによって花粉が運ばれる。より小さなハナバチであるコハナバチやヒメハナバチは、蜜を得ることはできるが、花の大きさと体の大きさが合わないのでうまく花粉が体につかず、ホタルブクロにとって重要な花粉媒介者とはいえない。また、蜜が露出していないので、ハナアブなどは餌にありつくことができない。

ホタルブクロは、雄性先熟という巧みなしくみを有している。ホタルブクロには自家不和合性（自分の花粉では種子ができない性質）という性質があるため、ホタルブクロの雄しべは自花の花粉が自花の雌しべにつかないように、開花直前に葯を開き、花柱の毛に花粉を託して枯れ上ってしまうのである。いよいよ花が咲くと、まず雄花としてふるまう。マルハナバチは花の奥の花盤にある蜜を目当てに釣り鐘状の花に潜り込む。ホタルブクロの花冠の内側には長い直立した毛が生えており、ハナバチは悪戦苦闘しながら、這うようにして潜り込んでいく。その時、花柱に背中をこすりつけるので、しこたま花粉がなすりつけられる。花の大きさの関係で、体の小さなコハナバチやヒメハナバチは、花柱に触れることが少ない。

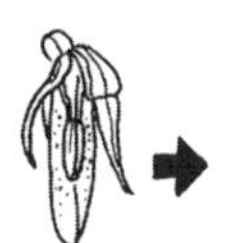

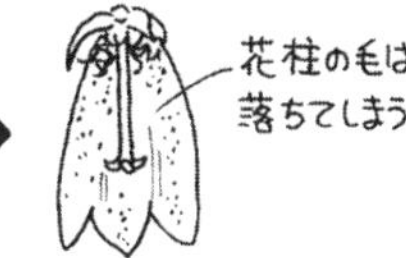

　2、3日経つと花柱の毛が落ちて、雌しべの先（柱頭）が3つに割れて反り返る。これで花は雄花の段階から雌花の段階に入る。相変わらず、花盤は蜜を出しているので、

ハナバチは花に潜り込む。今度は、その侵入したハナバチが他の花で得た花粉を反り返った柱頭になすりつけていく。たっぷり蜜を供給するホタルブクロは、マルハナバチのお気に入りであり、この時期マルハナバチの訪花が絶えることはない。

シマホタルブクロの花が小さい理由

伊豆七島に生育しているホタルブクロの仲間は、シマホタルブクロと呼ばれている。このシマホタルブクロは伊豆大島から青ヶ島まで分布しているが、まずは八丈島のシマホタルブクロについて説明しよう。

シマホタルブクロは、葉が厚くてつやつやしているなど、海岸植物としての特徴を備えているが、もっとも特徴的なのは、花の大きさが小さい点である。この花の小ささは、マルハナバチのいない環境に適応したものと考えられている。

なぜ、マルハナバチがいないのかということだが、マルハナバチはミツバチと同様にコロニーをつくって生活している。マルハナバチは体が大きく、しかもコロニーを構成する個体数が多いために、コロニーが翌年の女王を送り出して消滅するまで、大量の蜜を必要とする。ところが海洋島である伊豆七島では、本州に比べて植物の種数が少なく、この期間、マルハナバチのコロニーを支えることができるほどには開花が続かない。これが、マルハナバチが伊豆七島では生活できないと考える理由のひとつである。マルハナバチがいないことが、シマホタルブクロが花を小さくし、本州では見向きもしなかったコハナバチやヒメハナバチに花粉の媒介を頼る理由になっている。さらに八丈島のシマホタルブクロは自家和合性（同じ個体の花粉でも種子ができる性質）にもなっている。花柱の毛を雌花期にも残し、同じ花での受粉を可能にしているためだろう。

伊豆七島で一番本州に近く、面積の大きい大島では、体の小さなコマルハナバチが生息している。大島のホタルブクロの花の大きさは、ハチの大きさに対応して本州と八丈島の中間である。コマルハナバチの送粉が期待できるからか、本州のホタルブクロと同様に他の個体の花粉を受けないと種子ができない。

（天野　誠）

イヌビワの巧妙な受粉システム

イヌビワの花嚢(かのう)で誕生するイヌビワコバチ

イヌビワは関東地方南部以西の本州、四国、九州、沖縄に分布するクワ科イチジク属の樹木である。枝にイチジクを小さくしたような直径1センチほどの果実のようなものをつけるが、これは花嚢(かのう)と呼ばれるものである。先端が壺状になり、その内側にたくさんの花がついている。花嚢の内側に花があるので、花そのものは外からは見えない。閉ざされた花嚢の中で、他の花の花粉を確実に受け取るために、イヌビワはイヌビワコバチとの間に巧妙な共生システムをつくりあげている。

イヌビワは雌雄異株である。冬、葉を落としたイヌビワの枝に花嚢がついていることがあるが、これはほとんどが雄株である。花嚢をナイフで縦に割ってみると、淡黄色の小さな粒がぎっしりつまっている。これは、イヌビワコバチの幼虫が育つ虫癭（植物体に昆虫が産卵・寄生したために異常発育をした部分）である。また花囊の口部近くにはまだ未熟な雄しべを見ることができる。

春になって若枝が伸びはじめると、雄株、雌株ともに小さな若い花囊を次々とつける。この頃、雄株には越冬した大きな花囊がついているが、これを注意して観察していると、運がよければ花囊の口部から羽化したイヌビワコバチの雌に出会えるかもしれない。外にそのハチが見あたらなくても、花囊を割ると羽化直前にまで育ったイヌビワコバチが観察できるはずだ。

雄株の花囊の中では、まず先に雄のイヌビワコバチが羽化する。羽化するといっても、雄のイヌビワコバチには羽がない。雄は雌の入っている虫癭に穴をあけて交尾をし、狭い花囊の中でその一生を終える。一方、雌には羽があり、交尾をすませると花囊の口部から外へ出ようとする。この頃の雄株の花囊は口部が少し開き、その付近の雄花はちょうど成熟している。花粉まみれになって花囊の外に出たイヌビワコバチの雌は、手頃な大きさの若い花囊を見つけて、口部の鱗片状の苞葉をかき分けて中に入り込む。

イヌビワとイヌビワコバチの共生とは？

若い雌株の花嚢を割ってみると、中は空洞だが、壁にはびっしりと雌しべがついている。雄株の花嚢の雌しべは花柱が短く、雌株の花嚢の雌しべは花柱が長い。雄株の花嚢に入ったイヌビワコバチの雌は、花柱が短いので、産卵管を子房に刺し、胚珠に産卵することができる。卵を産みつけられた子房は虫嬰になり、イヌビワコバチの子どもが育つ。入り込んだ花嚢が雌株の場合、雌しべの花柱が長いため、産卵管をうまく子房に刺すことができない。雌のイヌビワコバチは産卵に失敗して一生を終えることになる。しかし、雌のコバチが体につけてきた花粉は柱頭に付着し、やがて雌株の子房には種子ができる。

じつは、雄株の花嚢も、雌株の花嚢も外から見ると大きさやかたちに違いはなく、イヌビワコバチの雌には区別がつかない。また、若い花嚢の口部にある苞葉は弁の役目をしていて、コバチは一度入り込んだ花嚢からは出ることができない。たまたま入り込んだ花嚢が雄株のものであれば、イヌビワコバチは産卵に成功し、子孫を残すことができる。しかし、入り込んだ花嚢が雌株のものであれば、イヌビワの受粉の手助けをしただけで死んでしまう。もし、イヌビワコバチが雄株の花嚢と雌株

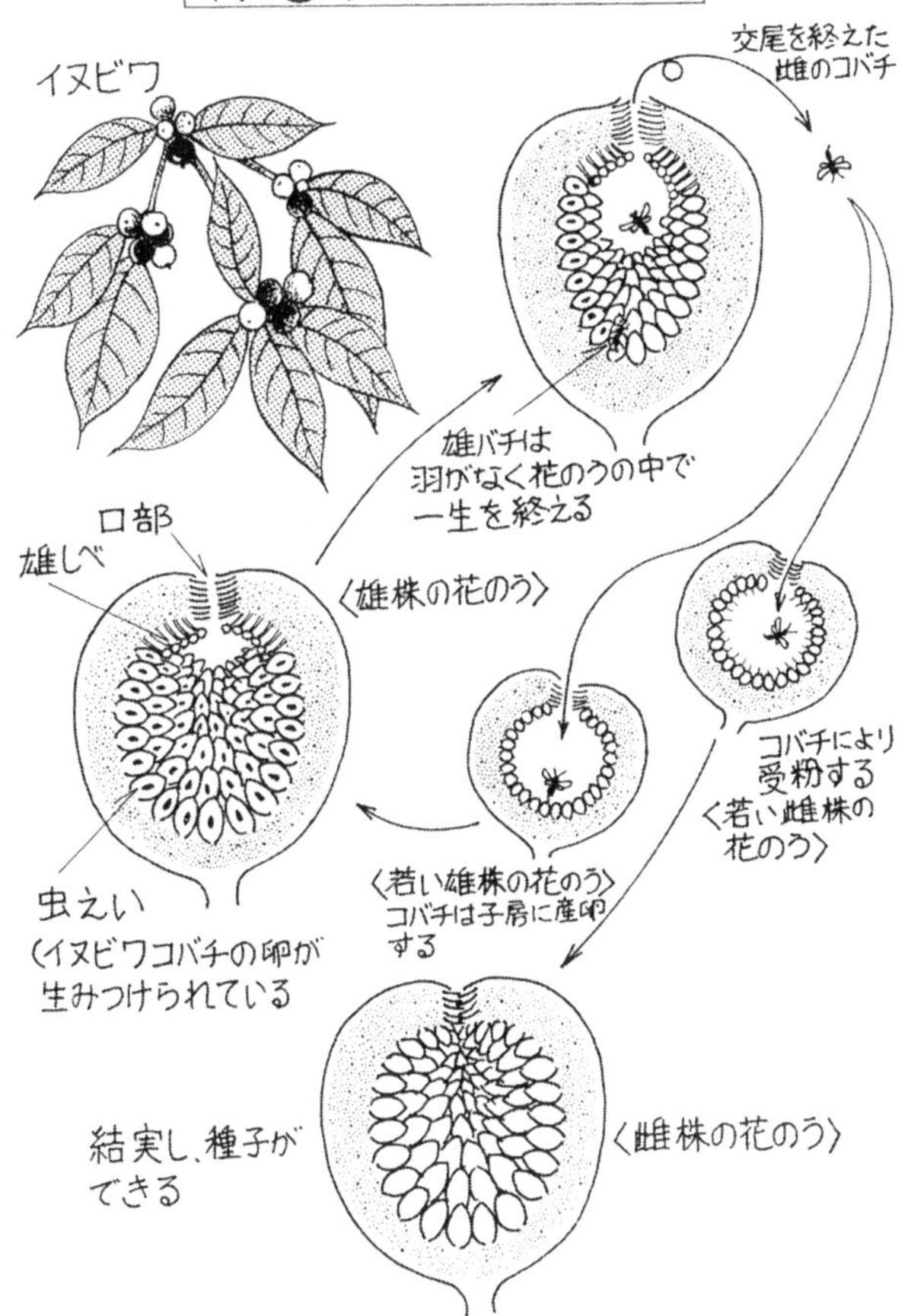
イヌビワの受粉システム
イヌビワ
交尾を終えた
雌のコバチ
雄バチは
羽がなく花のうの中で
一生を終える
口部
雄しべ
〈雄株の花のう〉
コバチにより
受粉する
〈若い雌株の
花のう〉
〈若い雄株の花のう〉
コバチは子房に産卵
する
虫えい
（イヌビワコバチの卵が
生みつけられている
結実し、種子が
できる
〈雌株の花のう〉

の花嚢を区別することができ、雄株の花嚢だけを選んで入り込んだとしたら、受粉できないイヌビワは種子をつくることができず、やがて滅ぶであろう。イヌビワコバチはイヌビワにしか虫嬰をつくることができないので、イヌビワが滅びてしまえば、イヌビワコバチも滅びることになる。

イチジク属の樹木はそれぞれ特定のイチジクコバチ類と共生し、送粉が行われている。日本産のイチジク属にはイヌビワの他につる植物のイタビカズラの仲間がある。イタビカズラの仲間も雌雄異株で、イヌビワとは別種のイチジクコバチの仲間が送粉を行っている。四国、九州、沖縄まで南下すると、アコウやガジュマルなどがあるが、これらは雌雄同株である。こうした雌雄同株のイチジク属の植物は、一つの花嚢の中に、雄花と、種子をつくる雌花、虫嬰になる雌花があり、それぞれアコウコバチ、ガジュマルコバチが送粉を行っている。

（勝山輝男）

昆虫だけではない。花粉を運ぶ鳥やコウモリ

熱帯の果樹園で大活躍、花の蜜を吸うコウモリ

初春のツバキの花が盛りのころ、メジロがよく蜜を求めてやってくる。被子植物の花を受粉の方法で分類すると、昆虫が花粉を運ぶ虫媒花と風による風媒花がほとんどであるが、メジロや、あるいは中南米のハチドリなどのように、鳥もまた重要な花粉媒介者となる。さらに、熱帯ではコウモリや小型の哺乳類が媒介するように特殊化した花も見られる。

コウモリの多くは夜行性である。超音波を発し、反射させて暗闇を飛びまわり、多くは昆虫など小動物を餌として捕るが、一部は草食性である。果実食だけでなく、花蜜を餌にしているコウモリもいる。蜜をなめるコウモリは顔に特徴があり、犬のように鼻が長く突き出した顔で、長い舌をもっている。

コウモリが訪れる花は、薄暗がりでもよく目立つ白色で、甘い香りを放つ。このような植物にはサボテン科のゲッカビジンをはじめ、リュウゼツランやパンヤノキ、またバナナやマンゴー、ドリアンといった、よく知られた熱帯の果実も含まれている。いずれも夜咲きの花で、大量の蜜を分泌してコウモリを呼ぶ。熱帯の果樹園には昆虫や鳥だけでなく、コウモリが必要なのである。

コウモリのように飛翔力のある哺乳類だけではなく、ネズミや有袋類なども受粉に役立つ例が知られている。ブラシ状の花序をもつヤマモガシ科のバンクシアは、日中はミツスイ科の鳥、夜間はフクロモモンガなどの小型の有袋類が訪れ、同じ科のプロテアではネズミ類が受粉に役立っている。なかにはハツカネズミに似たフクロミツスイのように、蜜と花粉だけで生きているものまでいるのである。

夕方や明け方に特定のガを誘引するトンボソウ

コウモリとともに夜行性で知られるのはガである。ガと花の関係も密接であり、たとえばラン科のトンボソウ類は、夕方や明け方に花は誘引物質を放ち、特定のガを引き寄せる。この仲間の花の特徴は、緑色で長い距(きょ)をもっていることである。地味で日中でも決して目立たない花だが、ガの活動時間に合わせて香りを出すことで受粉の効率を高めているのである。

スミレやツリフネソウ、ランなどの花には、その背後に長く突き出た細長い袋がある。ニワトリなどの蹴爪に似ているので距と呼ばれる。距は花弁や萼片が変形してできたもので、その内部に蜜をためている。距の入口には雌しべや雄しべがあり、蜜を吸いにきた昆虫の口吻や触角や眼などに花粉がつき、雌しべに受け渡されるしくみである。

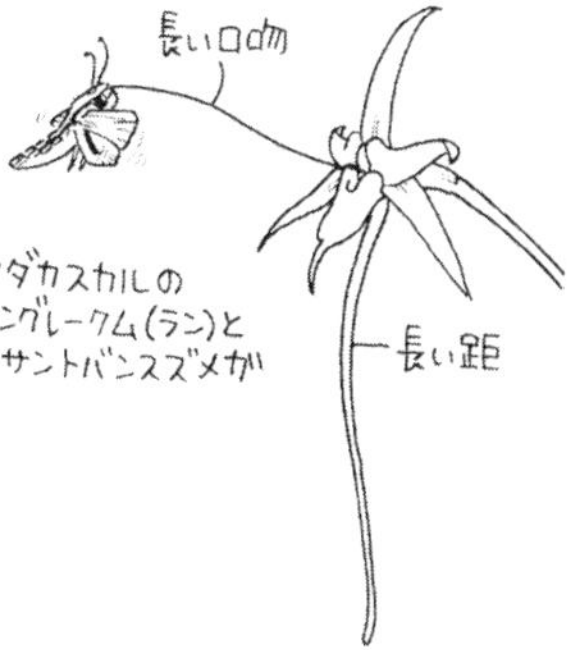

距が長い場合、蜜が吸える昆虫は、口吻の長いチョウやガに限られる。しかも距の長さに応じて、その中でも受粉に有効な種が決まっている。極端な例では、長さ30センチの距をもつランがあるが、そこにはちゃんと30センチの口吻をもつガがやってくるのである。イソップ物語のキツネとツルの寓話を連想してしまう。

（大森雄治）

昆虫だけが見える蜜への道しるべ

昆虫の見る色の世界は人間と違う

春の野山にはいろいろな花が咲いている。「いろいろ」とは、文字どおりさまざまな色であり、ピンク色のレンゲ、白色のヤマシャクヤク、水色のフデリンドウ、鮮やかな紫色をしたスミレ、まぶしいばかりの黄色の花をつけるタンポポやフクジュソウなど、中間色を交えて無数の色合いを楽しむことができる。しかし、人間の見た色と、昆虫の見た色はまったく同じなのだろうか？　じつは、昆虫と人間とでは、色の見え方が違っている。

色の違いは、光の波長分布の違いによって示される。プリズムによって違った色が見えたり、雨のあとに虹がかかったりするのは、それぞれの色のもつ波長によって屈折率が違うことにある。人間が感じることができる波長は、藍色の約400ナノメートル（1ナノメートルは10億分の1メートル）から、赤色の約800ナノメートルであるのに対し、ミツバチでは、約300ナノメートルから700ナノメートルである。約100ナノメートル分だけ短い波長のほうにずれていることになる。

つまりミツバチは、人間が見える赤色を感じることはできないが、人間が見えない紫外部の色を感じることができるのだ。どうやらミツバチは、われわれとはまったく違った色の世界に住んでいるらしい。

ヘビイチゴの花を紫外線を通して見てみたら

もちろん野山の花は私たちを楽しませるために咲いているのではない。子孫を残すため、花粉を運んでくれる昆虫を呼び寄せるために咲いている。

春の野山でよく見かける植物のひとつにヘビイチゴの仲間がある。日本にはヘビイチゴとヤブヘビイチゴの2種が分布している。二種とも黄色の花を開き、一見よく似ていて、慣れないと区別するのが難しい。では昆虫は、ヘビイチゴとヤブヘビイチゴを区別しているのだろうか？

カメラのレンズに紫外線だけを通すフィルターを取りつけて白黒フイルムで撮影

したところ、なんと人間の目には黄色にしか見えなかった花弁が、ヘビイチゴでは全面が白色に写ったのに対し、ヤブヘビイチゴでは花弁の根元近くが黒、その他の部分が白色のツートンカラーに写った。

これは、ヘビイチゴでは花弁全体が一様に紫外線を反射するのに対し、ヤブヘビイチゴでは花弁の根元近くは紫外線を吸収し、それ以外の部分は紫外線を反射することによって違って見えるのである。すなわち、ミツバチの目からはヘビイチゴとヤブヘビイチゴは即座に区別できるのである。

おそらく2種のヘビイチゴの仲間は、同じ仲間の花粉を運んでもらうよう、昆虫に対して別々のメッセージを送っているのではないかと考えられる。

昆虫は私たちとは違う色彩の世界で生活しており、花もまた昆虫を呼び寄せるためにわれわれの知らないところで工夫を凝らしているのかもしれない。

（池田　博）

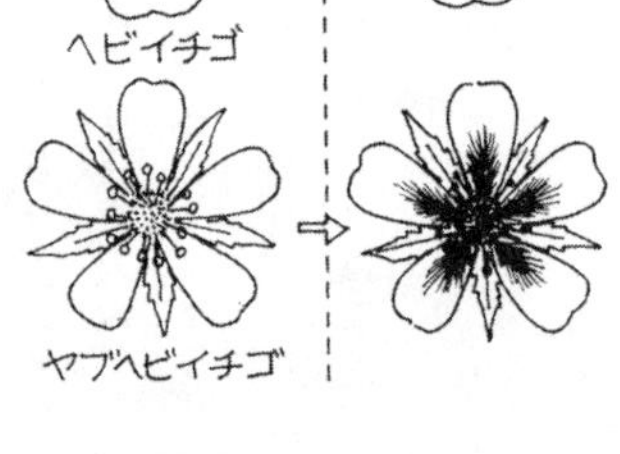

チョウにハチに、ラン科の花は化け上手

花のほうだって、虫を選びます

昆虫の多くは花粉や蜜を求めて花にやってくる。ところが、蜜のためではなく、交尾しようと花を訪れる昆虫もある。もちろん花と交尾できるわけはないので、昆虫は花にだまされているのである。

花が昆虫に受粉を手伝ってもらうためには、昆虫の体に花粉を付着させ、それをちょうど雌しべの柱頭につけてもらう必要がある。植物はまず昆虫に花の存在を知ってもらうために、色やかたち・香りなどで昆虫を誘引する。一方で、昆虫が蜜を吸うときに花粉が体につくよう、雄しべや蜜腺（みっせん）の位置が工夫されているのである。

しかし、訪れた昆虫の大きさ・かたちによっては、せっかく蜜を提供しても花粉がつかず、あるいは体にはついても柱頭につかず、無駄になることもある。つまり

花の大きさ・かたちにちょうどよい大きさとかたちをした昆虫が必要なのである。

飛び回る昆虫は花を選択することができるが、動けない花のほうでは昆虫を選べない。そこで花も昆虫を選択できるような変化を遂げた植物がある。ラン科植物がその代表である。ランの花は、チョウやガの羽の模様のように本当に千差万別で、人が見てもいろいろなものを連想させられる。かつてのアニメに出てきた「フィリックスの黄色い魔法の鞄」のように、どんなものにでも変身できそうである。ある種のランは、特定の昆虫の雌の体そっくりな花をつける。外敵から身を守ったり、餌になる昆虫を誘引するために昆虫が別のものにかたちを似せることを「擬態（ぎたい）」と呼ぶが、ここでは花が昆虫の雌のかたちに擬態するのである。交尾をしようと雄が花に止まると、花粉が雄の体につくというしくみである。

これだけでも驚くが、さらに花弁の途中に蝶番（ちょうつがい）があり、雄が止まって（雌のよ

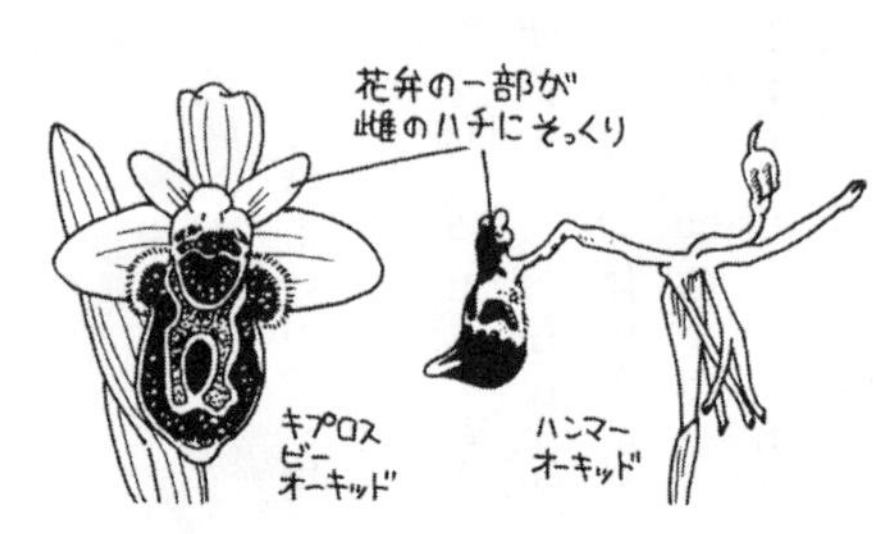

うな）花弁を抱きかかえて飛び去ろうとすると、花弁が跳ねあがり、無理やり雄しべをくっつけるものまである。しかもそのような花は、雄を誘引するフェロモンまで出しているのである。

ランク科はキク科と並んで被子植物でもっとも大きな科で、世界中で約２万種が記録されている。一方の昆虫はチョウやガの仲間の鱗翅類だけで15万種、ハチの仲間の膜翅類で１２・5万種、ハエ・アブの仲間の双翅類で12万種である。訪花する可能性のある昆虫がこれだけいるのだから、受粉のための昆虫をただ一種に限るのはむしろ効率が悪いようにみえる。さらにラン科植物の地下部には菌が共生あるいは寄生しているが、この場合も寄生・共生する菌の種（しゅ）は特定され、一対一の関係になっていることが多い。

植物は移動できないので、個体を維持するために、環境に対してはおうようで変化によく順応するが、子孫を維持する方法はかなり厳密である。植物が昆虫の体に似せた花をつくり出すほどの密接な関係は、いつどのようにして生まれたのであろうか。

（大森雄治）

発熱する植物——ザゼンソウ

氷点下の気温でも花の中は暖かい

発熱して体温を一定に保つのは哺乳類や鳥類（そして恐竜も）だけがもつ特徴と考えられているが、植物にも花の咲くときに発熱し、しかも外気温が変化しても、花の温度を一定に保つ能力を備えたものがある。この発熱植物の代表は、ザゼンソウとハスである。さらにポーポーの花、ヤシの花序、ソテツの雄花なども発熱することが知られている。

ザゼンソウは氷点下の気温が2週間続いても、花の温度を15〜22℃に保ち、ハスは気温が10℃に下がっても、ほぼ32℃に保たれている。ハスの花の中でもっとも発熱する場所は花托（かたく）である。花びらが開きはじめる少し前から発熱しはじめ、開ききると発熱を終える。

極地方や高山帯に生育する植物では、花を苞葉（ほうよう）や綿毛で保温したり、花に太陽光を集める機能があることが知られており、それは生殖器官の正常な発生を保証するだけでなく、昆虫類を花に呼び寄せ、花粉を運んでもらうためと推測されている。

ザゼンソウやハスでは、太陽光に頼ることなく、光がなくとも自ら発熱することで、花の温度を高めている。発熱の時期が受粉にもっとも有効な時期と重なるので、発熱の主目的は、花粉を運ぶ主役である甲虫類を呼び寄せるためと考えられている。

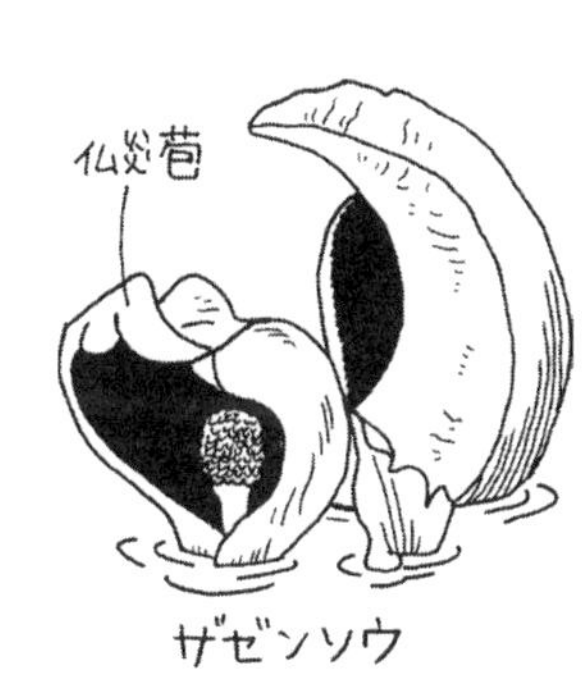

サーモスタットつきで温度調節するスゴイ植物

ザゼンソウと同じサトイモ科で、ブラジル、パラグアイ原産の観葉植物であるフィロデンドロン・セロウム（ヒトデカズラ）では、発熱と昆虫の行動との関係が詳しく観察された。花序が発熱すると、仏炎苞（ぶつえんほう）が開いて、その中の肉穂（にくすい）花序に甲虫類が集まる。やがて花序は冷えて、仏炎苞が閉じ、甲虫は逃げ遅れて苞の中に閉じ込められる。しばらくして、花序の先端部にある雄花から花粉が放出されるとともに仏炎苞がふたたび開き、甲虫が花序をよじ登って仏炎苞の隙間から外に出るとき、体に花粉が付着するというしくみである。

フィロデンドロン・セロウムの花には、37℃に設定されたサーモスタットがあり、花序が37℃以下では盛んに発熱し、37℃を超えると発熱を減少させる。そのため、気温が4℃では38℃にまで急激に上昇するが、気温39℃では46℃までにしかならず、発熱量を調節していることが実験で明らかにされた。一方的に発熱するだけでなく、寒い時は温度を維持し、暑い時は過熱を防ぐよう温度を調整しているのである。

フィロデンドロンでは、花序の細胞内の脂肪を分解して発熱し、ほかのサトイモ科の植物では炭水化物を分解している。発熱のしくみは動物と変わらない。

（大森雄治）

食べられるか残されるか、それが問題だ

ドングリのユニークな「被食散布」とは？

植物はいったん大地に根を生やすと動くことができない。その制約から、自ずと種子を散布するさまざまな方法を開発してきた。例を挙げると、種子をはじき飛ばすもの、風や水に運んでもらうもの、鳥や獣の体に刺や粘毛で付着するもの、種子の回りの果肉を鳥などに与えて運んでもらうもの、などである。

植物と動物の共進化には、興味深い例も多い。なかでも、植物が種子本体を提供してしまう方法は、とてもユニークである。これは「被食散布」と呼ばれ、身近なところではコナラやブナ、クリなどドングリをつくる植物がその例にあたる。

動物散布では、種子は食べられても消化管を通る間、たとえばサクランボのように硬い殻（種皮の場合と内果皮の場合があり、後者は殻に被われた部分を核とい

う）に護られていて、なかの種子は無事に排泄される。これに対して、被食散布の場合は食べられてしまったらアウト。その種子は二度と芽生えることがない。

　では被食散布する植物は、どうやって子孫を残しているのだろう。

　秋、ドングリが熟すと、殻斗(かくと)（俗にいうお椀）から種子（正確にいうと堅果(けんか)）が落ちる。これを拾い集めて、冬の食料にする動物がたくさんいる。ネズミなどの小さなほ乳類と、カケスなどの鳥がその例だ。貯食性をもつ彼らは、その場で食べる以上のドングリを集めて土に埋めておく習性があるので、わずかな間にドングリは地表から姿を消してしまう。

　だが、地中に埋められるのは、ドングリにとって決して悲しむべきことではない。不幸なのはむしろ、地表に置き去りにされたドングリのほうだ。腐ってしまうか、乾燥して死んでしまうからだ。逆に、埋められたドングリの中には、「埋めたまま忘れ去られる」か、「隠した主が死んでしまって食べられない」ものもいる。こうした幸運に恵まれたドングリが、翌春、芽を出し葉を開くことができるのだ。

全部食べられてしまわないためのさらなる工夫

ただ、ここでひとつの疑問が湧く。同じ木が毎年一定の数の果実をつけていれば、やがてその元に集まるドングリを食べる動物の数も増えてしまい、肝心の「埋められたが、食べられなかった」ドングリの数はぐっと減ってしまうのではないか？そこで、植物はどのような対抗手段を考えたのだろうか？

答は「食べ切れないほどのドングリをつくる」という方法。単に数多く果実をつくるのでは無理がある。だが、何年かに一度たくさんの果実をつくることにすると、その年の食料事情がよくなっても、急に動物が増えることはできない。懸命にドングリを運んで埋めても、消費しきれないのだ。

ブナの種子の生産に関しては「成り年」と、「種子がほとんどできない年」を繰り返すというが、これには、ここで述べたような必然が織り込まれている。

（天野　誠）

ひっついたらどこまでも。動物に運ばれるタネ

ヒッツキムシはどうしてくっつくか

草原や山道を歩いていて、いつの間にか靴下やズボンの裾などに草の実がついていた経験や、子どもの頃くっつく実を投げつけて遊んだ思い出のある方は多いだろう。このようなオナモミやセンダングサなど動物の体にくっつく果実や種子は、俗にヒッツキムシとかドロボウ、あるいはコジキなどと呼ばれている。

ヒッツキムシの表面を少し拡大して見ると、くっつくしくみがよくわかる。くっつくしくみには、毛や刺があるもの、カギ状のフックがあるもの、粘着性のものなどがある。

たとえばヌスビトハギの眼鏡のようなかたちをした果実の表面には細かい毛がたくさん生えているし、センダングサの果実には同じ方向に硬い毛が並んでいる。こ

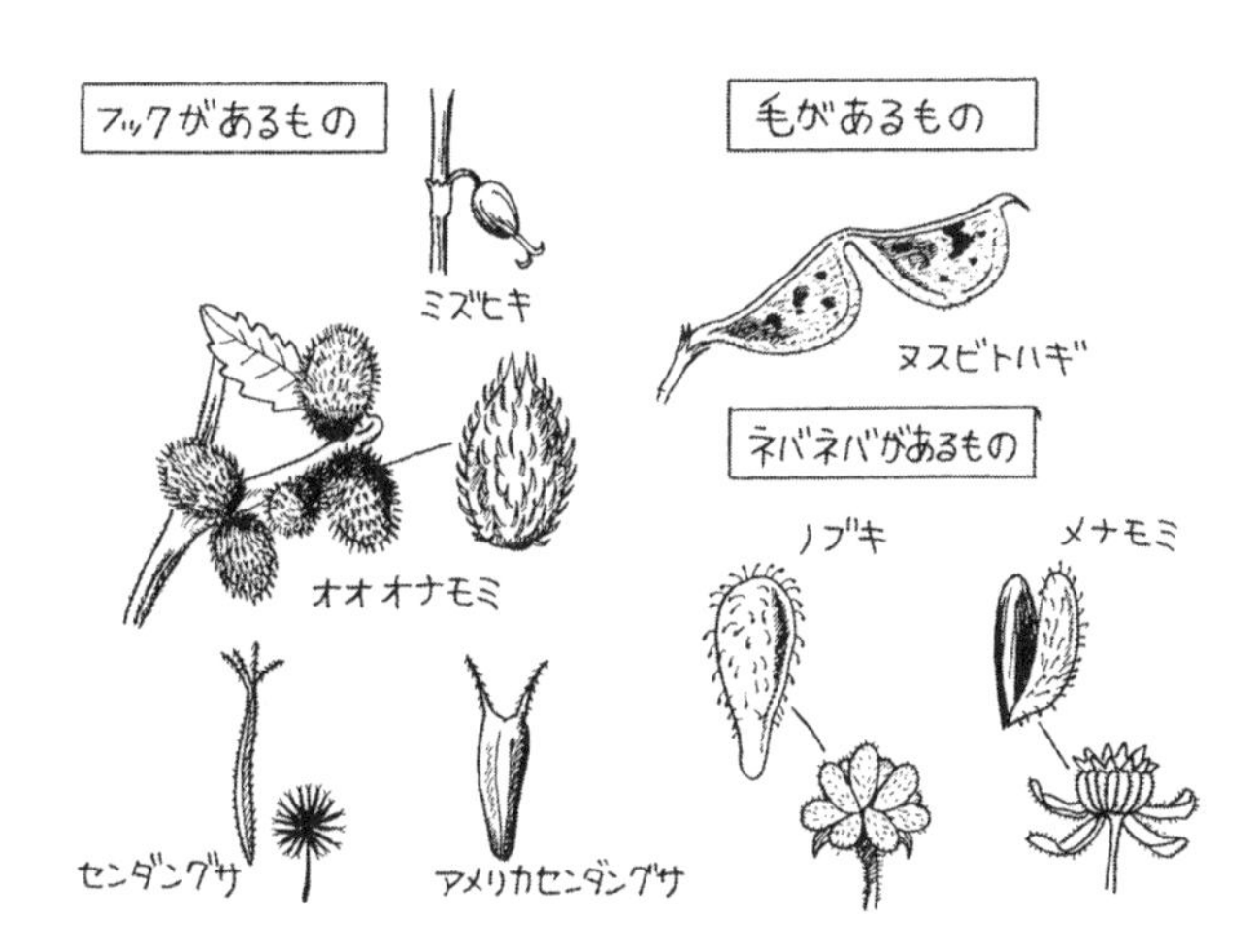

れだけでもセーターなどにはよくくっつくのであるが、オナモミ類の果実の表面には無数の刺があり、その刺の先は釣り針のようにフックになっている。このようなフックつきの刺をもつヒッツキムシは多く、ミズヒキもウマノミツバもハエドクソウもこの方式である。ただしミズヒキは1個の果実に2本の、ハエドクソウは3本の刺しかない。一方、メナモミやノブキ、チジミザサなどには、果実の表面に「腺毛」と呼ばれるネバネバした特殊な毛があり、べたべたとよくくっつく。

人が動けば分布も広がる。増えた帰化種

ヒッツキムシの主な生育環境は、動物が徘徊する草地と森や林の林道沿いである。ノブキ、ウマノミツバなど森林に生える種（しゅ）はすべて日本の在来種であるが、野原などの草地に生えるオナモミ類やセンダングサ類の多くは帰化種である。

万葉の時代から知られる在来のオナモミは全国的に減少し、現在普通に目にするのは昭和の初めにやってきたオオオナモミや、戦後に現れたイガオナモミである。オオオナモミもイガオナモミも大都市や港から徐々に分布を広げ、今日では北海道から九州の広い範囲に見られる。オナモミの類の果実には刺だけでなく2本の角があるが、イガオナモミでは刺にさらに細かな毛が生えているといった凝りようである。

センダングサ類も同様で、身近に見られるものは最近侵入したコセンダングサやアメリカセンダングサで、すでに全国的な植物である。在来のセンダングサや、水田の雑草としてもよく知られていたタウコギはあまり見られなくなった。センダングサ類も果実の先に2～5本の角があり、よく見るとその角にも逆向きの毛が生えており、釣り針の返しのようである。これでは取れにくく厄介なはずである。

クマやタヌキなどの野生動物によって運ばれていた果実や種子は、人にもついて運ばれるようになった。人の移動能力が増すにつれ、分布も低地から山地まで、あるいはアメリカから日本へなどと広がった。太平洋を越えて分布が広がっていくとは、植物も予想外だったのではなかろうか？

（大森雄治）

「こっちの実は甘いよ」鳥をだます木の実

栄養豊富な果実が、鳥へのご褒美

鳥は有力な種子の散布者である。鳥に種子を運んでもらう植物は、ウメモドキやクスノキなど枚挙にいとまがない。鳥も、ただで種子を運ぶわけではない。植物は運んでもらいたい種子の周りに果肉や仮種皮など、栄養のある組織をつけている。鳥はそれを丸飲みし、食べられる部分を消化すると、残った種子の本体部分を糞として排泄する。残念ながらそこがいつも種子にとっていい場所とは限らないが、多くの種子がひしめく親元よりは、ずっと好適な環境に分布を広げられる可能性がある。餌台など鳥がよくとまる場所の下には、いつの間にかシュロやネズミモチのような、鳥に果実が食べられる植物が生えてくる。

種子が成熟していない未熟な果実を食べられては困るからだろう。果実は食べ頃になると、鳥を誘うために色を緑から赤や黒に変え、緑の葉の中で目立つようになる。現在、都会に定住しているヒヨドリなどは、自分の行動範囲にある食べられる果実をじつによく観察しているようだ。人間が食べ頃を待っていて、いよいよ収穫というときに先を越されてしまい、くやしい思いをすることがある。

この共生関係は、種子を運んでもらう代わりに、何がしかの栄養を提供するという暗黙の契約で成り立っている。飛ぶためにはわずかな重量の負担もつらく、体に蓄えるのが難しい鳥にとっては、食物の量だけではなく、質の問題も重要である。小さな鳥は体重あたりに必要なエネルギーが相対的に多く、常にエネルギーを補給する必要がある。このため、餌は質の高いものでなくてはならない。鳥にとっては、食べてすぐに栄養になり、消化できる部分が多い果実の価値が高い。カロリーの低い草を食べる小鳥がいないのは、そのためである。小鳥にとって、特に脂肪分を多く含む果実はカロリーが高く、魅力的なようである。

いかにもおいしそうな果実のワナ

一方、植物にとっては、なるべく種子本体以外の出費は減らしたいし、できれば一度にいくつもの種子を運んでもらいたい。しかし、あまりけちってしまうと鳥に食べてもらえず、種子も運んでもらえないだろう。植物を観察していると、毎年果実が早くなくなってしまう、鳥に人気のある木と、いつまでも果実が残っている人気のない木がある。鳥は、自分たちにとって有利な種（しゅ）を選び、まず優先的に食べ尽くすのである。

このように、鳥が自分に有利な果実から先に食べ、効率の悪い果実を、しかたなくあとから食べるというのがふつうなのだろうが、どうも植物が鳥をだましていることがあるようにも見受けられる。というのは、果実の中には、いかにもおいしそうな色をしているのだが、そのじつほとんど食べるところのないものもあるのである。サンショウやゴンズイなどはその例であり、果皮はとても薄く、肉質や液質の部分はほとんどない。鳥の観察者によれば、経験不足の若鳥がだまされているようだ。見た目にだまされるのは何やら人間の世界に通じるところがある。

（天野　誠）

●サンショウの実

植物はなぜ毒をもつ？

昆虫や動物に食べられないための植物の防御

植物は移動することができない。これは、昆虫や草食獣など植物食の動物に対する防御のうえで、非常に不利である。もちろん、食べられるよりも多く生産するとか、食べられても致命的にならないように茎や葉が新たにつくられる成長点を地下に設けるなどの消極策もある。だが、もっと積極的な〝機械的な〟、あるいは〝化学的な〟防御も行われている。

機械的防御というのは聞き慣れない言葉であるが、刺をつける、葉を硬くして消化を困難にするなど、もっぱら物理的に動物に対抗する手段である。

化学的防御というのは、何らかの化学物質を含むことによって、動物に食べる気を失わせたり、成長を妨げたり、あるいは成長を異常にすることで、食べられるのを防ごうとする戦術である。

動物に食べる気を失わせる方法としては、いやな臭いのする物質を放つ、有毒成分を含むなどの方法がある。植物の生存に直接関係しない物質は、二次代謝物質と呼ばれる。これらの物質の蓄積は、動物に食されるのを防ぐためのものであることが少なくない。かつて保険金殺人事件に関係したトリカブトなどは、アコニチンをはじめとする一連のアルカロイドと呼ばれる有毒物質を含んでいる。そのため、牛や馬はトリカブトを食べず、放牧場にはトリカブトの茂みが残ることになる。有名な霧ヶ峰のレンゲツツジ群落や春日大社のアセビ林などの景観は、長い間の動物とこれら有毒植物の相互作用の末にできあがったものである。

毒は変じて薬になるという。大量に飲めば死ぬトリカブトの毒も、少量なら薬になる。人間にとっては、アルカロイドは毒であると同時に薬でもあるのである。漢方薬にトリカブトが含まれているのをご存知だろうか。附子（ぶし）と呼ばれているのがそれで、漢方薬の一方の主役ともいえる重要な薬（生薬）である。もちろん、少量しか含まれていないし、厳密に調合されているので、市販の薬には危険はまったくないが、以前高名な植物学者が飲み過ぎて死亡したことがあった。

解毒方法を獲得した植食動物のスペシャリスト

少量で料理の味を引き立てるハーブ類、これにも植物食動物に対する戦略が隠されている。パセリやセロリなど、セリ科の植物には精油成分が大量に含まれ、それぞれ独特の匂いと味がする。これなども多くの昆虫にとっては有毒なのである。解毒するにはコストもかかるし、解毒方法を獲得するのも容易ではない。解毒方法を獲得したごく一部の昆虫や草食獣のみ、これらを食べることができる。

こうして、セリ科植物は多くの昆虫などによる食害から自らを守っている。皮肉なことに、昆虫にとってはいったん解毒方法を獲得すれば、他の昆虫が利用できない膨大な資源、手つかずのまま残された食物を独占できるのだ。植物のほうでさらに別の防御物質も用意するというのは、コストの面で折り合いがつかず、現実的でない。

いずれにしても、完全に動物の食害から免れるのは困難である。それぞれの植物が、さまざまな化学物質で防御を試み、多くの昆虫の食害から身を守っ

ているわけだが、昆虫のほうからすると、限られた植物しか食べないスペシャリストをつくることで対抗していることになる。

精油成分によって多くの昆虫の食害から免れてきたセリ科植物を、乾燥させるとどうなるかご存知だろうか。乾燥によって、精油成分がとんでしまったセリ科植物の標本は、標本虫と呼ばれる甲虫（ジンサンシバンムシなど）にとくに弱い。精油成分のないセリ科植物は、昆虫に対して丸腰状態なのだろう。

逆に、食べられにくい標本には何が挙げられるだろうか？　筆頭はシダである。多くのシダにはフロログルシンと呼ばれる物質が含まれている。これが昆虫の食害を防いでいる。野外でも、シダは昆虫に食べられた痕（あと）が少ないが、標本になっても同様である。経験的にいうと、シダまでが食われている標本の束は、虫害がひどくて、あらかた標本を捨てることになる。

（天野　誠）

ドクイリキケンでも悪食人間には効かず

植物に含まれるさまざまな有害物質

ヒトのヒトたる所以は、悪食にあるといったらいい過ぎだろうか？　地球上の生物の中で、もっともいろいろな生物を食物として利用しているのがヒトである。ヒトはどのような民族であっても、他の動物が利用できない植物をさまざまな加工技術を駆使して、食用にしている。

ワラビは牛や馬が食べない植物のひとつであり、日当たりのよい草原一面に生えていることがある。ワラビにはイソフラボン系の物質が含まれていて、牛が大量に摂れば、ぼうこうガンになるなどの障害が生じる。では、人間にとって害はないのだろうか？　よくしたもので、あく抜きの過程でこの物質は大部分取り除かれてしまう。日本人は、昔ながらの知恵で動物には食べられないものも食べ物に加工してしまったのである。

　トチノキは子孫を残すために、種子の一部を食糧として動物に提供する代わりに種子を埋めてもらう。トチノキの種子には大量のでんぷんが含まれている。それだけに多くの動物にとって、トチノキの種子を食料とすることは、エネルギー獲得上魅力的な手段となる。だが、この種子はタンニンを大量に含む。タンニンは苦いだけでなく、食物の消化を妨げる。ただし、アルカロイド（植物体内に蓄積される窒素を含む塩基性化学物質）とは異なり、少量では死ぬことはない。なので、タンニンの入った種子を一度にたくさん食べるとおなかをこわすが、少量ずつ食べるなら栄養になる。つまり、トチノキと動物の間には、種子を運んでもらえるほどの栄養があるが、一度にたくさん食べられてしまわないぐらいタンニンが含まれているという、微妙なバランスが成り立っているのである。

　タンニンを防御物質とする植物は多い。一般に、このような防御物質でも、蓄積するにはコストがかかる。なるべくコストをかけない方法はないものだろうか？

　植物が化学物質で会話することをご存知だろうか。昆虫に食べられた葉は青葉アルコールなどの特定の物質を空気中に放出する。この一種の警戒警報物質を感知した周りの葉は、一斉にタンニンの量を増すのである。これなら、常にタンニンを蓄積しておくよりも、低いコストで済む。

食べにくい植物も食糧に変える日本人のたくましさ

カキの渋の成分もタンニンである。水溶性のタンニンは渋いが、不溶性にしてしまえば渋くない。カキにとって、青い時期にタンニンが水溶性なのは、種子が成熟する前に果実が食べられるのを防ぐためである。種子を散布してほしい熟柿になると、タンニンは不溶性となり、甘くておいしくなる。これは、カキにとっても合理的である。

日本人は改良によって、熟柿にしなくても甘い甘柿を手に入れた。これはこれで進歩ではあるが、たくさんなった渋柿を長期間食べる方法も考え出された。古くから干し柿にするという方法が知られていたが、新たに渋柿をお湯に漬けてさわし柿にする方法、へたに焼酎をつける方法が生み出されたのである。これらの新方法は、植物ホルモンであるエチレンの作用によるもので、果実を人工的に熟した状態にして、タンニンを不溶性にするという巧妙な方法ではないだろうか？

有害物質をもつ植物のいろいろ

ワラビ

① イソフラボン
② ぼうこうガン
③ あく 抜きする

トチノキの実

① タンニン
② 食物の消化を妨げる
③ あく抜きする

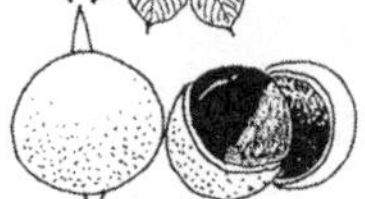

柿

タンニン細胞が固まったもの。ゴマという

① 渋はタンニン
② 食物の消化を妨げる
③ 干し柿にする. お湯にさらす ヘタに焼酎をつける

ソテツの種子

3~5cm大の赤い種子

① サイカシン
② 失明、致死
③ すりつぶして水にさらす

ヒガンバナの球根

① アルカロイド
② 吐き気、下痢など
③ すりつぶして水にさらす

① 含まれる有害物質
② 作用・症状
③ 毒抜きの方法

ソテツの実やヒガンバナの球根から、でんぷんが取れ飢饉の時の食糧となった

それだけではない。植物を骨の髄まで利用する日本人は、厄介者であるカキの渋さえ、防水、防腐材として利用してしまう。このたくましさに至っては、カキも脱帽する以外ないだろう。

猛毒のソテツの実やヒガンバナの球根の食べ方

私たちは、猛毒を含む植物まで食べてしまう。野生の植物にとって人間は打つ手なしというところだろうか？　たとえば水溶性の毒を含むものは、よくさらせば、でんぷんだけを残すことができる。

時は江戸時代、所は沖縄、飢饉によって食べるものを失った農民は、いよいよソテツの実（種子）に手を出すことになる。すりつぶして何度も水さらしをして有毒物質（サイカシン）を取り除く。飢えに迫られて、毒抜きの不十分なものを食べて命を落としたりと、悲劇を生んだ。

ソテツが自生しない本州などでは、飢饉の際はどうしていただろうか。ヒガンバナの球根を、やはりソテツと同じようにすりつぶして水にさらすという方法で、リコリンと呼ばれるアルカロイドを抜いて食べていた。水田にヒガンバナがよく見られるのは、その名残だという。哀史ともいえるが、人間のたくましさも感じる。

（天野　誠）

第5章

人間が変える植物の世界

植物の脱走&不法侵入者――帰化植物

思いもよらぬところに「不法侵入」する帰化植物

いまや、都会で外国人を見かけることはごく普通になった。日本でも、グローバル化はかなり進んでいる。人だけではなく、物の流通もグローバル化が進行し、思いもよらぬものが、思いもよらぬかたちで移入されることも珍しくなくなった。

植物の世界にしても例外ではない。とんでもない地域から、いままで見たこともないような植物が大量に「不法侵入」することも少なくない。こうした外来植物を「帰化植物」と呼ぶ。

帰化植物といえば、以前は大量の工業原料などを輸入する港や工場周辺、さらには牧草地などで多く見られたものだ。しかもヨーロッパや北アメリカ原産の植物が圧倒的だった。だが、最近では思いもよらぬところに、思いもよらぬ地域の植物が見つかっている。

成田空港の近くからも、さまざまな帰化植物が！

日本では現在、国内で栽培しても採算が合わない植物を、輸入に頼っていることが多い。それらの植物といっしょに、ほかの植物の種子が持ち込まれ、日本に帰化することがある。たとえば、斜面を保護するため吹きつけに使うイネ科の植物がある。この中にはイワヨモギやキクタニギク（ともにキク科）など、イネ科以外のさまざまな種子が含まれている。また、珍しいところでは豆腐屋さんから、マメアサガオ（ヒルガオ科）やアレチウリ（ウリ科）といった、これもイネ科とは別の植物が広がった例も知られている。これは、豆腐屋さんが捨てた輸入大豆（ダイズ）（マメ科）の混じりものに、大豆畑の雑草の種子が混ざっていて、その種子が発芽したため、とみられる。

マメアサガオ

成田空港にほど近い千葉県富里町では、新興住宅

▲白い花を咲かせるオオカナダモ ©v_0_0_v / Adobe Stock

地からさまざまな帰化植物が見つかった。近くの土留めに使われていた吹きつけから逃げ出して、むき出しのままの宅地造成地に広がったらしい。最近では、千葉県船橋市のとある場所から10種近い日本新産の帰化植物が見つかった、との報告もある。これは、東南アジアのどこかから輸入された護岸工事用の天然素材に混じったものが発芽したらしい。帰化植物の老舗の港も負けてはいない。横浜港の新港埠頭や大黒埠頭に行けば、植物図鑑にも載っていない、さまざまな帰化植物を観察することができる。

最近「ワイルドフラワー」の名前で、空き地に何種類もの丈夫な観賞植物の種子をまくことがある。そこからの「脱走」も少なからずあるとみられるが、幸いなことに、ワイルドフラワーから厄介な雑草になったケースは今のところないようだ。園芸植物の中にも人の手を離れてオシロイバナやトキワツユクサのように、生態系に一定の地位を築きつつある植物もある。

厄介なのは、栽培されたものが脱走した「帰化水草」である。オオカナダモ、ホテイアオイ、オオフサモなどは、場所によっては在来の植物の生存を脅かしているほどだ。自然保全のためには、「むやみに栽培植物を捨てない」という意識が大事である。

（天野　誠）

タンポポ戦争？
生き残り戦略の新たな展開

セイヨウタンポポは悪者か？

春の野原や土手に黄色い花を咲かせ、その後、白い綿毛を飛ばすタンポポには、日本に古くからあった在来タンポポ（カントウタンポポなど）と、近年、外国からやって来た外来タンポポ（セイヨウタンポポなど）とがある。在来タンポポでは、花を囲っている小さな葉（総苞片（そうほうへん）と呼ぶ）が、まっすぐ上を向いているが、外来タンポポでは、下向きに反り返っているので、簡単に見分けられる。

外来のセイヨウタンポポが日本に入ってきたとき（１９００年頃？）以来、この二つのタンポポは、お互いに勢力を広げよう、あるいは維持しようと、目に見えない戦いを続けてきた。外来タンポポが在来タンポポを追い立て、その生育地を奪っていると、悪者のようにもいわれることもある。

セイヨウタンポポが目につきはじめた頃、その増加は車の排気ガスによるものとか、戦争中の食糧難の時代に、在来タンポポが食べられて、数が減ってしまったためなどといわれた。その後、仙台や大阪、東京、川崎、平塚などで科学的な調査が行われた結果、この勢力争いは、両者の直接的な競争が原因ではなく、二つのタンポポの生き残り戦略の違いと、人間のかかわりによるものであることがわかってきた。

自分だけでも種子ができる強い繁殖力VS種子の休眠戦略

在来タンポポは、受粉しないと種子ができないうえ、自分自身や近親関係にある個体の花粉では受精できない。つまり、自分と血縁関係の遠い個体が周囲にある程度生えていないと、仲間を増やすことができない。それに対しセイヨウタンポポは、無融合種子形成と呼ぶ方法で種子ができるため、受粉する必要がなく、たった一株だけでも株を増やすことができる。また、在来タンポポにできる種子は60～120個、セイヨウタンポポでは200個ぐらいと、セイヨウタンポポのほうが圧倒的に多くの種子をつくる。さらに、種子の重さについても、セイヨウタンポポの種子は、在来タンポポの2分の1程度の重さしかなく、遠くへ運ばれやすい。

在来タンポポは、新しく開発された場所に侵入していくスピードが遅いが、セイヨウタンポポは、地面が掘り起こされタンポポがまったくない場所に、さっと広がることができる。そのため、人間が地面を掘り起こし、どんどん開発を進めている場所では、セイヨウタンポポが在来タンポポを追い立てているようにみえるのである。

それに対し、在来タンポポは、種子の発芽を遅らせる戦略によって生き延びようとしている。在来タンポポの種子は地面に落ちてもすぐ発芽せず、休眠する特性をもっている。休眠後、秋になってから発芽するので、夏の間に背の高い草が生い茂る場所でも生き延びていくことができる。一方、セイヨウタンポポは、地面に落ちるとすぐに発芽してしまう。夏に背の高い草が生い茂る土手や草原では、落ちてすぐ発芽したセイヨウタンポポは、夏の間にそれらの草の下で枯れてしまう。そのため在来タンポポは、そのような場所ではセイヨウタンポポに追い立てられる心配はない。

在来タンポポと　外来タンポポ

花	（カントウタンポポ）	（セイヨウタンポポ） 総苞片がめくれている
受粉（生殖）	自分の花粉では受精できないので他の株の花が必要	無融合種子形成により種子ができるので、1株でも殖える
新しい場所	苦　手	得　意
発芽	種子は休眠後、秋に発芽（夏草の生い繁る土地では有利）	一年中（夏は夏草に負けてしまう）

つまり、それぞれの場所が、それぞれのタンポポの戦略に合致していただけで、セイヨウタンポポが都市域に勢力を広げ、在来タンポポが農村部に追われているわけではないのである。

都市部でも、地面が掘り返されたことのない古くからの庭園などでは在来タンポポを見ることができるし、農村部でも、一本の道路を挟んで、掘り返した土手にはセイヨウタンポポなどの外来タンポポが生え、手を加えなかった土手には在来タンポポが生えていることがある。

在来タンポポはセイヨウタンポポに押され気味ではあるものの、従来から生育していた場所では、人間の手が加わらない限り、しっかりとその場所で生育を続けている。つまり、外来タンポポが在来タンポポを追い出しているのではなく、人間の活動により、もともと在来タンポポが生育していた場所が開発され、新しくできた環境には外来タンポポが広がっただけなのである。

二つのタンポポの関係の新たな局面とは

上述のように、在来タンポポは、自分の戦略に合致した場所では、外来タンポポにその地位を容易にとって代わられることはない。しかし近年、両タンポポの関係は新たな局面に入っていることが発見されている。

ひとつはセイヨウタンポポと在来タンポポの雑種の問題である。雑種タンポポは1988年にはじめて報告され、1990年代には、場所によっては、総苞片が反り返っているセイヨウタンポポにみえるタンポポの90％以上が雑種であることがわかった。当時は、外見上セイヨウタンポポにみえることから、無配合生殖するセイヨウタンポポが、いつの間にか在来タンポポの遺伝子を取り込み、雑種をつくっていた、と話題になった。その後、雑種タンポポの遺伝的解析が進み、三つのパターンはあるものの、両種の雑種は、どれもセイヨウタンポポの花粉がかかわっていることがわかった。

もうひとつは、帰化植物が勢力を広げる戦略である繁殖干渉と呼ばれる現象である。在来タンポポも種(しゅ)によっては、セイヨウタンポポの花粉を誤って受け入れてしまうが、別の種ではしっかりと拒絶している。種によっては、セイヨウタンポポに自分の繁殖に干渉され、邪魔されているのである。となると、自分の戦略に合致した場所でも、その地位を守るのが難しい場合も増えると考えられる。

在来タンポポと外来タンポポの行く末、まだまだ目が離せないようである。

(田中徳久)

自家中毒を起こすセイタカアワダチソウ

駆逐されなかったススキ草原の謎

セイタカアワダチソウは、北アメリカ原産のキク科の帰化植物で、日本に自生するアキノキリンソウと同じ仲間に属する。10月〜11月初旬にかけ、市街地の空き地などを黄金色に染める植物である。かつては日本の風物誌的な景観である秋の「ススキ草原」にとって代わるのではないかと心配されたり、喘息（ぜんそく）や花粉症の原因植物として話題になった。しかし、その隆盛も一時のことで、最近では、目の前すべてが黄金色に染まるほどの大群落を見ることは少なくなった。もっとも、これはその生育場所となる空き地が少なくなってしまったからだともいえ、河川敷や放置されてしばらくたった空き地などは、セイタカアワダチソウに占拠され、黄金色に染まっていることもある。

セイタカアワダチソウは、1000種を超えるといわれる帰化植物のうち、もっとも成功した部類に入る。その成功の要因のひとつとして考えられるのは、セイタカアワダチソウはその根から、デヒドロ・マトリカリア・エステルという、植物の発芽を抑える物質を出し、他の植物を阻害する他感作用（アレロパシー）があることである。セイタカアワダチソウは、この他感作用により、他の植物を押しのけ、あたり一面を黄金色に染めるほどの成功を収めたと考えられている。

▲空地を埋めつくすセイタカアワダチソウの群落

富士山周辺に広がる広大なススキ草原は、秋の風物詩として多くの観光客が訪れる。そこにこのセイタカアワダチソウが広がり、ススキが駆逐されるのではないかとウワサされた時期があり、その当時はこの他感作用のことがよく取り上げられた。しかし、その後、富士山を黄色い絨毯が取り巻いているという話も聞かない。富士山周辺には、今も美しいススキの草原が広がっている。

発芽を抑える他感作用が自身にも及ぶ

なぜセイタカアワダチソウはススキにとって代われなかったのか。実は、セイタカアワダチソウの他感作用には、他の植物だけでなく、セイタカアワダチソウ自身にも、被害が及ぶ、〝自感作用〟があるのである。根から出る物質は、他の植物だけでなく、セイタカアワダチソウ自身の発芽も抑えてしまう。ある場所に広がったセイタカアワダチソウは、自家中毒を起こし、その場所ではそれ以上、種子により子孫を増やすことができないのである。そのため、ある場所におけるセイタカアワダチソウの隆盛は一時は目を見張るほどのものであっても、時間が経過すると、個体の寿命の到来とともに、自らもその場所から追い出されていってしまうのである。

それでは、セイタカアワダチソウの第2の成功の秘訣は何であろうか？　それはおそらく、繁殖力の旺盛さであると考えられる。セイタカアワダチソウは、種子による繁殖と地下茎による繁殖の、二つの方法を有効に使い分けているのである。

十分に生長した個体では、5万粒を超える種子を飛ばす。この種子はタンポポなどと同じように風によって散布され、ある生育地から新天地めざしていっせいに広がっていく。一方、新天地に侵入した個体は、そこを占拠するため地下茎を伸ばし、そこに小さなロゼットをつけ、地表面を次々に覆っていく。

さらに、日本在来の植物や大部分の帰化植物に比べると、背丈が高いという点も大きい。空き地一面をセイタカアワダチソウが覆ってしまうと、その下では暗すぎて、他の植物は生育できないのである。

セイタカアワダチソウは、帰化植物としての成功者ではあっても、それは日本在来の植物を駆逐し、それにとって代わってしまうのではない。在来の植物が生育していない空いた場所にいち早く侵入、定着しては、他の場所へと移動するという暮らしからは逃れられない。

なお近年、北海道の一部では、セイタカアワダチソウと近い仲間のオオアワダチソウや別のキク科であるオオハンゴンソウなどが、一面を覆う景色を見ることがある。自然豊かに見える北の大地にも、いろいろな問題があるようである。

（田中徳久）

ススキ草原が消えていくのはなぜか

ススキは金色に輝くがオギは白銀色

ススキは尾花の名でも呼ばれる秋の七草のひとつで、中秋の名月のお供えにも欠かすことができないものである。しかし、最近では街中の空き地などに、小規模なススキ草原は見ることができるが、あたり一面が金色に染まるような大きな草地は少なくなった。中秋の名月のお月見に供えるススキを調達するには不便はないが、景観を楽しめる場所は少なくなった。時には河川敷などで広大なススキ草原に出会うこともあるが、近縁のオギの群落であることも多い。ちなみに、オギはススキに比べて多少湿った立地を好み、ススキのような株をつくらないので、ススキより一様な群落をつくる。その穂の色は銀色に近く、群落は白銀色に輝く。

かつて里近くの低山や丘陵地には、茅(かや)ぶき屋根の材料を得るため、ススキの草原が広がっており、茅場と呼ばれていた。そこではススキと同じように、秋の七草に数えられるオミナエシやキキョウなどのほか、ムラサキ、タチフウロ、マツムシソウ、カキランなど、多くの草花が艶やかに花を咲かせていた。

しかし、屋根材が瓦やトタン、スレートなどに代わり、カヤの需要がなくなった。そして、茅場も必要がなくなり、スギやヒノキの植林地となったり、ゴルフ場として開発されたりした。また、放置されたため、自然の遷移により二次林に変化したところもある。

運よく草地として残った茅場も管理が行われなくなって久しい。そのため、ススキ自身が大株となって、背丈も高くなり、草原も暗くなってしまった。そこに共存していた草原性の草本類が生育しにくい環境へと変化してしまったのである。

▲夏のススキ草原

美しいススキ草原の維持には人の管理が不可欠

草原性の草本植物は、刈られたり、山焼きされたりと人間の手により定期的に管理される草原にだけ生育する。人の管理により、ススキ自身の草丈も低く、密度も適度で、草地内も明るい草原となる。美しいススキ草原の維持には、人為的な管理が必要不可欠なのである。

ススキ草原は、植物群落が裸地から森林へと移り変わっていく遷移と呼ばれる変遷の中で、その途中相にあたる。この途中相は、何も手を加えなければ、森林へと遷移が進んでいく。時間が経過すれば、現在のススキ草原も、いつかは森林になってしまうのである。これを草原のまま維持するには、定期的な草刈りなどの攪乱作用により、遷移の動きを停止、あるいは後退させる必要がある。自然界では、自然発火による山火事や、大雨による土砂崩れや洪水などが、この攪乱作用の役割を果たす。人間が茅場として維持してきたススキ草原は、人間が人為的に攪乱することで、その姿を維持してきたのである。上述した定期的な伐採や山焼きなどがそれである。

ススキ草原のような、遷移の途中相にあたる植物群落を維持するには、自然界に

起こる撹乱に替わり、人為的な撹乱を起こすことが必要なのである。（田中徳久）

▲秋には美しい穂が出そろい、行楽客がつめかける（箱根・仙石原）

治水で消えるカワラノギク

厳しい環境下を生き延びる河原の植物

カワラノギクは、絶滅の危機に瀕する動植物をまとめた『レッドデータブック』に掲載されている。分布は、関東・東海地方の河川中流域に限られ、多摩川と相模川、鬼怒川水系以外の現状はよくわかっていない貴重な植物である。

カワラノギクはその名のとおり、河原に生える野菊である。カワラノギクのほかにも、和名に〝カワラ〟を冠する植物は多く、カワラヨモギやカワラハハコ、カワラニガナ、カワラサイコなどがある。河原は、夏の乾燥や、洪水による冠水など、植物の生育にとって非常に厳しい環境下にある。そんな過酷な環境に適応し、長い間生き残ってきた植物たちの代表選手がカワラノギクなのである。

カワラノギクのライフスタイル

カワラノギクは礫質の河原に特有の植物である。越年草または短命な多年草で、発芽から開花までの期間は個体により異なり、開花すると結実後、枯死する。しかし、集団としてのカワラノギク群落は、ほかのさまざまな植物群落と同様に、より長いタイムスケールで維持されている。そして、その維持機構には、河川敷という特殊な環境に適応した、洪水により形成される新しい河原への移動と侵入、定着、繁栄、衰退、そして移動という、群落の移動と定着を繰り返すシステムが採用されている。

大規模な洪水などによる礫の移動により新しい河川敷が形成されると、比較的早い時期に周辺のカワラノギク群落から種子が飛来し、新しい群落が形成される。そして、その新天地の環境が、カワラノギクの生育に

合致していれば、徐々に個体数が増え、やがて大群落が形成される。しかし、年月の経過とともに、河川敷が安定し、生育立地を競い合うほかの多年生の草本類や低木類が侵入・定着すると、カワラノギク群落は10年ほどで衰退していく運命にある。カワラノギク群落は、このような定着・衰退の過程を繰り返しながら、その群落から散布可能な距離に新しい河川敷が形成されればそこに侵入し、新しい群落を形成することを繰り返しているのである。

見方を変えれば、あるカワラノギク群落から散布可能な距離に、その群落が衰退・消滅する10年ほどの間に、新天地となる河川敷が形成されなければ、その地域のカワラノギクは、絶滅へ向かう坂道を転がり落ちていく、ともいえる。カワラノギクという種(しゅ)の維持には、ある地域内の個体群がすべて消滅する前に、散布可能な場所に、新天地となりうる河原が形成される必要がある。カワラノギクは、定期的に発生する洪水によって、種を維持しているのである。

治水による河川敷の安定

近年、河川を取り巻く環境は大きく変化している。管理型の治水施策により、堤防や流路の整備が進み、洪水が起きにくくなっている。また、上流に建設された大規模なダムによって、礫の供給量の減少を招いていることは否めない。そのため、定期的な洪水によって維持されてきたカワラノギクは、大きなダメージを受けつつある。洪水が起き、近隣に生活する人々に危機が及び、さまざまな被害が生じることは防がなければならないのは当然であるが、その一方で、危機に瀕している植物も存在するのも現実である。ダムの建設による治水と、自然が治める河川敷で生き抜いてきたカワラノギクのライフスタイルは、合致しないのである。

さらに、カワラノギクの生活にとっては、河川敷を縦横無尽に走り回る４ＷＤ車やオフロードバイクによる踏圧という輪禍、バーベキューなどのアウトドアライフを楽しむ人たちの踏みつけやゴミの投棄などの影響も無視できない。カワラノギクをはじめとする、河原を生活の本拠とする植物たちは、これらの複合的な要因により、厳しい現実にさらされている。

（田中徳久）

人手をかけないと護れない雑木林の自然

燃料として堆肥として、雑木林は多目的森林

雑木林の意味を国語辞典で調べてみると、「いろいろな木が混ざった林」などと説明されている。雑木林の「雑木」に対して、「真木（まき）」という言葉がある。真木は、スギやヒノキなどのように材木として使われる、いわゆる有用木を指す。それに対して雑木は、材木としては使えない、薪や炭として活用するしかない木を指す。雑木林は、薪や炭として活用するための林であり、その意味では、薪炭林（しんたんりん）と呼ばれることもある。また、薪や炭として利用するために木を伐採した後、その切り株から伸びてきた芽（萌芽（ほうが）と呼ぶ）を育てることで次の世代の雑木林をつくるため、萌芽林とも呼ばれる。さらに、林床に堆積した落ち葉を集めて、堆肥の原料としたりと、農作業と密接につながった林という意味で農用林と呼ばれたりもする。雑木

林は、さまざまな機能と要素をもった林であり、このような林の総称が「雑木林」であるともいえる。

雑木林は暮らしのために維持・管理された人工林

関東地方近辺の雑木林は、クヌギやコナラなどの落葉広葉樹林である。関東地方より北へ行けば、同じ落葉広葉樹でも、ミズナラやカシワなどに変わる。どちらにしてもその光景は、自然の林のように見えて美しい。しかし、この雑木林もじつは、人間の手でつくり出されてきた人工林である。その意味では、真木林であるスギやヒノキの植林地と同じである。

雑木林は、薪や炭として利用するため、10年～20年ごとに伐採される。残った切り株から芽が出て、それが新しい林をつくる。その繰り返しである。林内は、落ち葉かきと下草刈りによって整然と整備されており、落ち葉は堆肥となり、下草は燃料や手工業製品の原料となった。雑木林は、人間がさまざまなかたちで活用するために維持・管理されてきた林なのである。

しかし、現在はどうであろうか？　１９６０年代中頃からは薪や炭の需要はほとんどなくなり、雑木林が伐採されることも少なくなった。そのため雑木林の木々はどんどん大きくなり、うっそうとした暗い林となった。また、落ち葉かきや下草刈りが行われなくなり、アズマネザサなどが繁り、その林床を彩っていた草花も見られなくなった。雑木林はその姿を変えてしまったのである。多くの植物やほかの生き物たちも消え去ってしまった。雑木林は子供たちの格好の遊び場、日々の生活の中で自然に親しむ環境学習の場でもあったはずである。どんぐりを拾い、カブトムシやクワガタムシを採る子供たちの声も聞こえない。

「自然保護」という言葉をよく聞くようになって久しい。自然保護とは自然を保ち、護ることである。雑木林も立派な自然である。そこでは春夏秋冬、さまざまな植物が花を咲かせ、果実を実らせていた。植物だけでなく、ほかの生物にとっても都市域に残された貴重な生息場所であった。

さらに、何千年という長いタイムスケールで考えれば、地球が寒冷だった時代の落葉広葉樹林（ブナ林など）の生き物たちが、温暖な世界に生き残るためのシェルターの役目を果たしてきたのが雑木林だともいえる。その意味では、現在でもその重要性は変わっていないに違いない。

では、雑木林の自然を護るにはどうしたらよいか？　手をつかねて、ただ雑木林を見守っていたのでは、雑木林はうっそうとした林に姿を変えてしまう。以前のように、定期的に伐採し、落ち葉かきや下草刈りを行うなど、人の手により管理しなければ、雑木林の自然は護れない。

自然保護とは、人の手をかけずにじっと見守るばかりではない。雑木林のように、人の手をかけなければ護れない自然も存在するのである。

近年では、実際に人の手をかけ、往時の姿を取り戻しつつある雑木林も多くなった。これは生業として活用してきた雑木林に、新たに環境教育やレクリエーションの場としての機能が見直され、地域の市民による雑木林の維持活動が行われる例が増えたことによる。

（田中徳久）

第6章

人知が引き出す植物の潜在力

万葉人も愛でたナノリソ花とは？

ヨーロッパ人とは異なる「花」の概念をもっていた古代の日本人

人が花を美しいと感じ、愛でることは当然のことと考えられており、花が嫌いだという人はあまりいない。人間の花に対する思いはヒトの誕生とともに遺伝子の中に組み込まれたのだろうか。

私たちが花といえば、ふつう赤や黄、青などの色鮮やかな花びらのある被子植物の「花」を指す。しかし、そのような魅力的な花をもたないシダ植物にも、「花」を冠した「ハナワラビ」や「ハナヤスリ」などがある。これらはふつうの葉（栄養葉）のほかによく目立つ穂状や円錐状の胞子葉をつける。私たちの先祖は、これを花に見立てたのである。胞子を生む器官が花であると定義すれば、シダ植物にも花があるといってもおかしくはないが、現代の私たちの目には花とは映らないのではないだろうか。同様に、これらの一種、ハナヤスリが属するハナヤスリ属の学名はギリシャ語の「蛇の舌」に由来し、花とは無縁である。

したがって、胞子葉を花と見た私たちの先祖は、ヨーロッパの「花」とは異なる花の概念をもっていたともいえる。そして、彼らは海藻にも花を見ていた。それはホンダワラ類の生殖器のことで、彼らはそれを「ナノリソの花」と呼んでいた。丸い浮き袋があるので玉藻とも呼んでいた。

複雑で多様な海藻の生活史

ホンダワラ類は、早春から初夏にかけて生殖期を迎える。細かく枝分かれした褐色の枝に、黄色い紡錘形の小枝をたわわにつける。これは雌性生殖器床と呼ばれる雌の生殖器官である。そこから放出された卵はそのまま生殖器の周りに付着し、精子を待つ。受精卵は分裂をしてある程度の大きさになると、生殖器床から離れ、海底に落ちて定着し、やがて私たちが目にする大きさの海藻に成長する。ホンダワラ類は、このように胞子や遊走子をつくらず、ほかの海藻とは異なり、世代交代がなく、ヒトなどの後生動物と同じ様式の生活史をもっている。

これに対し、たとえば同じ褐藻類のワカメでは、私たちが食べる部分は胞子体である。その根と葉の間に、俗にミミやメカブと呼ばれる胞子葉ができ、そこから胞子が出る。胞子は発芽すると顕微鏡でなければ認知できない微小な糸状体（配偶体）になる。糸状体には雄と雌がある。それぞれに精子と卵ができ、受精した受精卵が発芽して大きく成長したものがワカメとなる。

また、海岸によく打ちあがる緑藻の一種、アナアサオでは、ワカメの糸状体にあたるものが雄性配偶体と雌性配偶体で、胞子体とは外見的に区別がつかない。このように、海藻の生活史は陸の植物に比べて複雑で、海藻を分類するうえでの重要な基準ともなっている。

ホンダワラ類の海藻で、現在私たちが食用とするのは、主にヒジキやアカモクである。しかし、江戸時代の料理の本にはホンダワラを煮物やあえものなどにしたという記録が残されている。さらに、縄文時代やそれ以前の貝塚などからは、アラメやワカメなどに混じって、ホンダワラも発見されている。これは海藻そのものの栄養素はもとより、海藻を塩分の補給源としていたと推定される。縄文人は海藻に関しては、現代人顔負けの知識をもち、海藻に親しんでいたのである。（大森雄治）

テングサの産地は海、寒天の産地は山

氷点下5～10℃の天然の凍結乾燥機で

テングサと寒天は、イカとスルメのように原料と製品の関係であるが、スルメは浜で作られるのに、寒天は海から遠い内陸の盆地で作られる。海で採れる海藻をなぜわざわざ山で製品化するのだろうか。同じ海藻でもアサクサノリから乾海苔（ほしのり）が、ヒジキから乾燥ヒジキが、いずれも採取地やその近辺で製品化されている。

テングサは海岸で採集され、浜で水をかけて、脱色され、乾燥される。その後長野県の諏訪地方や岐阜県などに運ばれ、そこでまずゆでて心太（ところてん）がつくられる。それ

から、冬に天気がよく乾燥し、夜間の気温がマイナス5〜10℃にも下がる、この地方の特徴を生かし、すでに水を落とした水田に心太の棚が並べられ、寒天がつくられる。日中の温度は3〜10℃が適温で、これを1〜2週間繰り返す。凍結乾燥、つまりインスタントコーヒーなどと同じフリーズドライ製法である。気候を上手に利用した製法上の特性から、海藻はわざわざ山に運ばれるのだ。

鉄道の発達により、諏訪盆地が生産全国一に

寒天は江戸時代から輸出していた日本の特産物で、戦前までは世界の寒天生産量の90%を占めるほどであった。寒天ができたのは江戸時代初期1650年前後といわれている。京都の宿屋で偶然野外に放置した心太が凍結乾燥したところ、それに水を加えて戻すと海藻の臭みが消え、さらにおいしくなることがわかったのである。テングサから心太をつくり、食用としていた記録は奈良時代までさかのぼることができ、心太を売る店も現れている。また心太の製法や食べ方は、遣唐使によって中国から伝えられたものと推測されている。

寒天ははじめは「心太の干物」と呼ばれていたが、寒い時期につくられるので

「寒天」と名づけられた。さらに製法に改良が加えられ、関西で盛んになり、18世紀後半には中国にも輸出されはじめた。やがて19世紀の半ばに気候的には寒天製造に適した信州・諏訪地方で製造がはじめられ、大阪から原料となるテングサ類を入手し、甲府や江戸方面へ送り出した。この地域は、海藻の調達には不便であったが、明治以降鉄道の発達とともに生産量が拡大し、昭和初期には全国一となった。今でも諏訪盆地は天然寒天の製産量は全国一である。

寒天の原料はテングサ類の一種であるマクサだけを用いるのではなく、同じテングサ類のオニクサ、ヒラクサ、オバクサなどにオゴノリ類の数種を配合してつくられている。なお、寒天には直方体の角寒天と、細長くうどん状にした細寒天などがある。

寒天の主成分は90％が炭水化物のガラクトースを主体にした多糖類で、人には消化されにくく、カロリー源とはならない。食感がさわやかで、心太・あんみつなど夏には欠かせない食べ物として千年以上親しまれてきただけでなく、こんにゃくなどとともに健康食品として広く利用されている。

（大森雄治）

穀物になるための条件

野生種か栽培種かを見分ける方法

穀物には、ほかの野生植物にはないさまざまな特徴が備わっている。この特徴は、穀物の種類にかかわらず共通しているので、手にしている個体が野生のものか栽培されたものかを調べる際に、見分けるポイントとなる。

まず、栽培されている個体は成熟したとき、種子が親株から落ちないのである。本来、成熟したときに種子が親株から離れないとなると、種子を遠くに散布するのがむずかしくなる。一方、収穫する人間の都合を考えると、穀物が成熟した種子から順に落ちてしまったら、非効率極まりない。果物のように、成熟したものから順に収穫するわけにはいかないのである。しかし、成熟しても種子が落ちないとなると、次の種まき時まで人の手で保管され、再度の栽培の可能性が高くなる。かくして人が意識的に選択しなくても、種子が容易にこぼれないという特徴が保持されるのである。この特徴は、植物が子孫を残すことにかかわる重大事なので、人の監視下を免れるとあっという間に失われてしまう。

ところで、穀物畑に生えるイネ科雑草は種子を落とすのだろうか。それとも穀物と一緒に種子をつけたまま刈り取られるのだろうか？

通常、雑草は成熟したら種子を落とす。刈り取られる前に種子を落として、その場を確保しておく。ただし、収穫物に紛れ込んだわずかな種子は人の力を利用して新天地を開発することができる。史前帰化植物と呼ばれる一連の田畑の雑草は、このようにして日本に侵入したらしい。最近では、豆腐をつくるための輸入大豆に混じる雑草の種子が、工場や豆腐店の周りに帰化しているのを見かけるが、これなども同じような現象であろう。

いっせいに発芽し、実をつけるのは得策？

収穫にまつわるもうひとつの重要な性質がある。穀物はいっせいに発芽し、いっせいに実るという性質である。

野生植物は、何らかの理由（乾燥や病気など）で芽生えが全滅するときに子孫が絶えないように、すべての種子が一度に発芽するようなことはない。特に、発芽したら、何が何でも種子をつくらないと子孫を残せない一年草にとっては、芽ばえの全滅は深刻な問題である。ところが、人の保護下にある穀物では、すべての種子が発芽して生長の度合いをそろえたほうが、結果的に多くの子孫を残せる。

一粒の穀物の種子は数百もの種子を実らせる。すべての種子がまかれて同じように種子を実らせると、わずか2年で数万の子係を残すことになる。一部でも発芽しない種子がある個体では、残す子孫の数が減り、収穫した種子全体の中での、この個体の子孫は少なくなっていき、やがて消滅する。

さて、いっせいに実るほうの問題だが、これも人の収穫の都合を考えれば、納得できる。穀物のような作物では、効率の面からいっせいに刈り入れるのが現在は普通である。他の株より遅く実ることが、不利になるのは明らかであろう。花が咲く前に刈り取られてしまったら、元も子もない。弥生時代のものと思われる穂摘みのための石器が出土していることを考えると、当時の穀物はいっせい刈り入れではなかったことがうかがえる。すると、1株の中でいっせいに実る形質の発達が不十分だったか、今よりもていねいに収穫しなくてはならない理由があったのだろう。興味深い事実である。

では、早く実るというのはどうだろうか。早く実るということは、植物体が小さいうちに、貯蔵にエネルギーを回すということになる。最終的にできる種子の量は、光合成をする葉の総量と相関すると考えられるから、初めは葉をつくることに生産した物質を投資すれば、その分種子は複利計算で増えるものを、早く種子をつけ始めれば、相対的にできる種子の数が減ってしまう。世代を重ねるにつれて、早く実る個体の子孫が収穫物全体に占める割合は減っていく。結局はいっせい刈り入れに同調できないものは淘汰されてしまうのである。

昔の農民は、収穫の安定のために、イネの早稲、中手、晩稲の栽培品種を選抜して、それぞれ別の田で栽培した。早稲は収穫量が少ないが、米の量が不足しがちな端境期のすぐあとに収穫できる。晩稲は先ほどの理由で、1株あたりの収穫量が多い。納める年貢の量が同じなら、収穫量の多い晩稲のほうが、農民の手元に残る米の量が増える。そこで、農民は晩稲の栽培面積を増やしたがったそうである。

現在は、早く出荷される新米の値段が格段に高いので、暖かい地方では早場米の栽培が盛んである。時代の要請により、作物の栽培方法や栽培品種も変わっていくのである。

（天野　誠）

雑草から穀物への物語

雑草がコムギの改良に貢献？

今からおよそ7000年前、アラビア半島東部のつけ根の、いわゆる黄金の三日月地帯と呼ばれる地域で、初めて穀物が栽培された。人類史上、画期的なできごとである。栽培されたのは一粒系コムギ（Aゲノム）である。ゲノムとは、生物が生きていくための染色体一セットのことをいい、植物の遺伝・進化などにすぐれた研究をした生物学者、木原均による、日本人の誇るべき細胞遺伝学上の業績である。

さすがに、最初の栽培作物は収穫量の問題もあり、現在ほとんど栽培されていない。それから、一粒系コムギがその畑の雑草であったクサビコムギ（Bゲノム）と交雑して、野生の二粒系コムギができあがった。これを栽培したのが、栽培系の二粒系コムギ、エンマコムギである。

エンマコムギは殻をむくのが困難なため、現在ではほとんど栽培されていない。現在はそれを改良したマカロニコムギが、地中海沿岸を中心に栽培されている。マカロニやスパゲッティーに用いられるデュラム・セモリナは、この系統の栽培品種である。今日、もっとも栽培面積が多い普通系コムギは、パンコムギである。その名の示すようにパンをつくるのに用いられている。

パンコムギの成立に関しては諸説あるが、やはり栽培系の二粒系コムギに雑草であったタルホコムギが交雑し、染色体が倍加したとする説が有力だ。パンコムギの登場によって、コムギは、原産地周辺を越えて、世界中で広く栽培できるようになった。コムギの改良の歴史には、雑草が深く関与していたのである。

忘れられていたヒエがリバイバル?!

ライムギはロシアの黒パンの原料として有名だが、コムギより寒い地方で栽培でき、ロシアをはじめとする北ヨーロッパで多く栽培されている。ライムギは、もともとコムギやオオムギの畑の雑草だったのが、栽培作物に昇格した穀物である。ヨーロッパにはコムギに遅れて導入されたが、天候不順な時期に収穫をあげて、穀物として定着した。現在ロシアでは主に、コムギの品質のよさとライムギの強さを合わせもつライコムギが交雑によって育種されている。パンコムギにとって栽培条件の悪い寒冷地や痩せ地での有効な作物として、ライコムギの研究が重ねられている。

カラスムギもライムギと同様に、畑の雑草から穀物に昇格した作物である。2倍体、4倍体、6倍体があるが、野生の6倍体から栽培化された6倍体が主に栽培されている。多くは飼料として栽培されているが、アメリカやヨーロッパではオートミールとして定着している。

東洋ではどうであろうか？　五穀と呼ばれるコメ（イネ）、ムギ（オオムギ）、アワ、ヒエ、マメ（ダイズ）のうち、ヒエは田の雑草に由来した二次的作物と考えられている。今でも水田には、イネの栽培に適合したタイヌビエと呼ばれる野生種が雑草として生えている。ヒエはイネに比べ、寒冷地や痩せ地でも安定した収量が期待でき、宮崎の民謡「ひえつき節」が伝えているように、かつては焼き畑の重要な作物であった。戦後は焼き畑がすたれて、ほとんど栽培されなくなり忘れられていた。しかし、最近ブームの雑穀や、コメやコムギにアレルギー症状を示す児童の代換食として、再び注目を集めている。

（天野　誠）

イネはなぜ冷害にやられるのか

品種改良しても冷害が起きるわけ

主食をコメにした日本では、コメの栽培の歴史は悲惨な飢饉との戦いの歴史でもあった。今では北海道でも銘柄米を栽培できるほどにイネの品種改良が進んでいるし、病害虫への耐性も獲得してきた。それでも時に作況指数74という1993年の大冷害のようなことが起こる。

なぜ冷害が起きるのか。最近、植物が繁殖する際にもっとも低温に弱いのが雄しべであり、とくに花粉が成熟する時期であることがわかった。イネの結実に障害が起きやすいのは穂が出て10日前後であり、この時期を穂ばらみ期という。イネの穂ばらみ期に、実験的に4日間だけ温度を12℃にしておくと、その株の半分以上の花粉が異常になってしまう。さらに冷温処理を続けると異常な花粉の頻度はもっと増え、正常な花粉はまったくできなくなる。しかし、日数を減らして冷却を2日間にするとほとんど障害は出ないので、初期の異常は回復が可能と推測されている。

一方、イネのほかの器官は低温に十分耐えて、正常に発育する。とくに雌しべに異常は生じない。しかし正常な雌しべがあっても花粉がなければ、当然コメは実らない。穂ばらみ期の前後がいくら暑くとも、夏のある時期に寒くなるだけで、一年の苦労は水の泡となってしまうのである。

一方、イネの光合成の最適温度は、熱帯植物であるガジュマルなどと同様30℃以上であり、温帯に生育するブナやコムギの最適温度約20℃とは著しく異なっている。イネは品種改良が進んだとはいえ、もとは熱帯の植物である。これまでの病虫害と冷温に対する研究は、その害に耐性のある多くの品種を生んできた。さらに最近は耐冷性を備えた、味のよい品種が次々に作り出されている。

熱帯地域から北海道まで7000年かけて伝播

イネはイネ科イネ属に属する。イネ属の野生種はアジア・中央アメリカ、南アメリカ、オーストラリア北部、西アフリカと中央アフリカと熱帯に広く分布している。

食用のため栽培されるのは、イネ属の24種のうちのイネとアフリカイネの2種である。イネは紀元前5000年頃にアッサムから雲南地域や長江中・下流域で栽培されはじめたと考えられている。イネにはインディカ（インド型）とジャポニカ（日本型）があり、ジャポニカは中国の長江中・下流域に起源する。そして、これが遅くとも紀元前1000年の縄文時代には日本に伝わっている。

熱帯地域に起源したイネが、今では冷温帯の北海道にまで伝播したことになる。しかも狭い日本の中で、九州から北上して北海道にたどり着くまでに、3000年近くの歳月を要している。イネのさまざまな栽培品種は、ダイコンやアサガオなどの多くの野菜や園芸植物の栽培品種と同様、私たちの先祖が残した歴史的な遺産である。

（大森雄治）

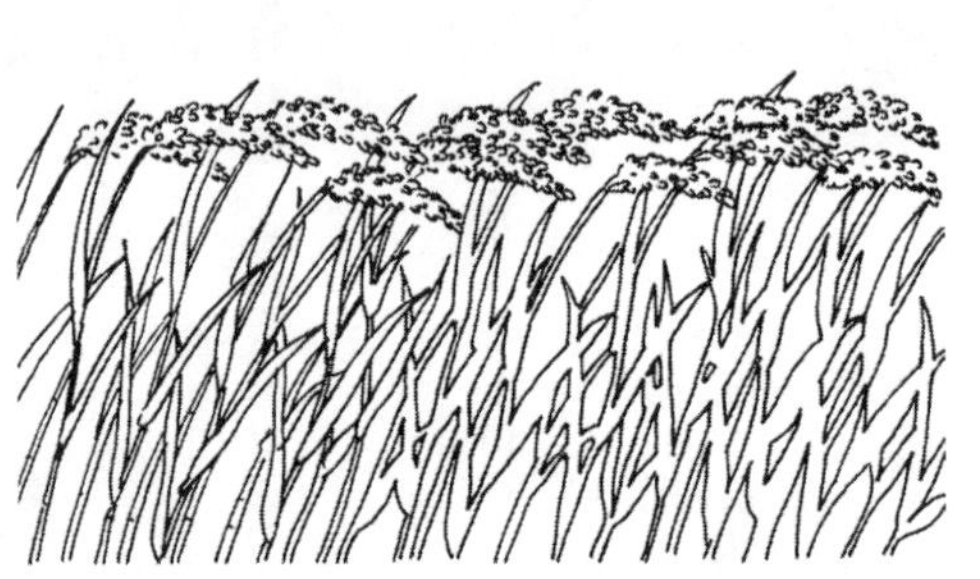

花が土にもぐって実を結ぶ？ーラッカセイ

地中でなければ結実しない落花生の実

ラッカセイは南アメリカ原産のマメ科の栽培植物である。日本へは中国経由で渡来したらしく、ナンキンマメ（南京豆）の名前もあるが、今では英語名のピーナッツのほうがとおりがよい。「落花生」の名のとおり、花が落ちて、地中で実がなる。実際には花が終わると子房の柄が長く伸びて、若い果実が地中にもぐり込み、そこで果実が熟す。不思議なことに、地中に入らないと結実しない。

ピーナッツの語源はエンドウ（pea）と木の実（nut）の組み合わせによる。食用

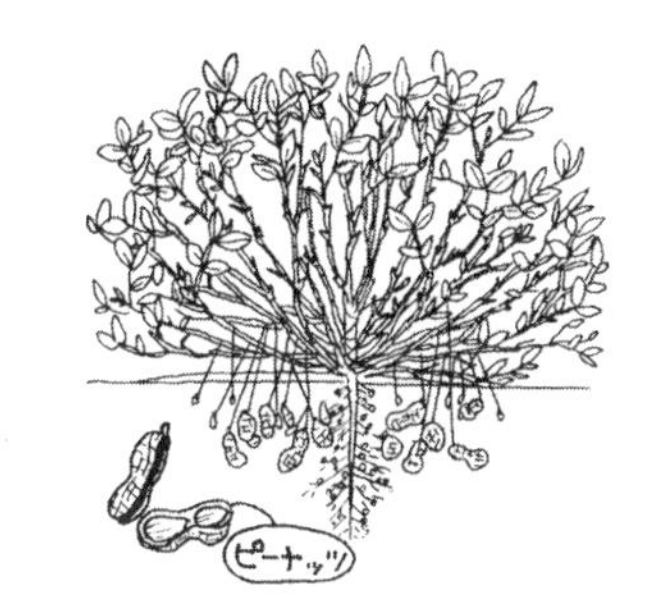

となる種子が堅いさや（果皮）に包まれ、堅い殻をもつクリやクルミなどの木の実を連想させたためだ。

肥料的にも栄養面でも重要な作物であるマメ類

ラッカセイの日本の主な産地は千葉県や茨城県で、海岸近くのやせた土地でもよく育つ。

窒素は生物に必須の元素の一つだが、植物は大気中の窒素ガスを吸収できない。地中の硝酸イオンやアンモニアイオンなどを取り込めるだけである。植物がこれらをどんどん土中から取り込むと、地中はまたたくまに窒素不足に陥ってしまうので、農作物には窒素肥料を与えざるをえないのである。しかし、マメ科植物は根に根粒菌が共生している。根粒菌が窒素ガスを固定し、それを植物が使っている。昔からムギ畑にダイズを、あるいは田にゲンゲを植えてきたのは、経験的にマメ科植物の能力を知っていたからである。

このようなマメ科植物と根粒菌による窒素固定の恩恵は計り知れず、人間の体をつくっている窒素の53％がマメ科植物に由来し、残りの47％は化学肥料による食品に由来すると試算されているほどである。もちろんラッカセイのほか、ダイズやササゲやインゲンマメなどマメ類は、コメやムギ、トウモロコシなどの穀類、ジャガイモやサツマイモなどのイモ類と並んで、主食となる三大食品の一つでもあり、人類にとってなくてはならない作物である。

歴史的にみても、人類はタンパク質と脂肪を多く含むマメ類に、でん粉食品である穀類・イモ類を組み合わせて食べ、栄養的なバランスをとってきたといえる。たとえば東南アジアや東アジアではコメとダイズ、中央アメリカや南アメリカではトウモロコシ・ジャガイモ・サツマイモにラッカセイとインゲンマメといったようにである。

いつでもどこでも食べられるほどなじみの食品のせいか、ピーナッツは英語では「とるにたりないもの」を指すこともあるが、そんな言葉の意味とは裏腹に、コロンブス以後に世界中に伝播したラッカセイはたいへん重要な農作物なのである。

（大森雄治）

植物の試験管ベイビー――ラン

人工培養法の開発で、ランの新品種が続々！

ひと昔前、「試験管ベイビー」という言葉がはやった。ヒトの卵を受精させて細胞分裂を数回繰り返させたものを、子宮に戻す「人工受精」のことである。植物の世界にも、これと似た「人工培養」という育成手段があるが、これは「試験管ベイビー」より、もう少し進んでいるようだ。

ランを例にとって見てみよう。ランは、ほこりのような小さな種子をたくさんつくる。風の力を借りて最適な場所にたまたま種子が落ち、発芽を始めると「ラン菌」と呼ばれる菌類の力を借りて、やがてプロトコームという細胞のかたまりになる。このプロトコームが十分に成長して初めて、根や芽が分化する。

ここまで至るには、想像を絶する時間がかかるし、たどり着く確率もとても低い。

そこで、ラン菌が生えていると思われる親株の根元にわざわざ種子をまき、育ってきた幼植物を大事に育てる、といった人工的な方法がとられていたこともある。ただこの方法はとても効率が悪く、新しい栽培品種の育成は遅々として進まなかったようだ。

だが1922年、ナドソンという学者が、無機塩類と有機物（ココナッツミルクなど）を配合した人工培地を開発し、ランの栽培の世界は一変した。菌の力を借りずに、人工の栄養で大量の個体を育てることができるようになったのだ。これを機に、ランの新しい栽培品種が続々と発表されることになった。

バイオの技術で、洋ランも手が届く価格に！

ラン栽培におけるもうひとつの革命は、「シュート頂培養」であろう。

茎と葉がまだ未分化な新芽の先端を用いるこの培養法は当初、ウイルス病にかかったランからウイルスフリー（ウイルスに感染していない）の株をつくることを目的に開発された。シュート頂を無菌的に取り出し、これを人工培地で培養すると、種子のプロトコームと同じような細胞のかたまりをつくり出すことができる。これを植物ホルモンのバランスが最適に調整された培地に移すと、芽と根が分化して幼植物になる。あるいは細胞のかたまりを大きくして、いくつかに分割すると、それぞれが1つの幼植物に分化する。こうした分割の作業を繰り返し、振盪（しんとう）培養（フラスコを振りながら培養すること）という方法を取り入れて培養すると、細胞塊がより早く、大きくなる。

シュート頂培養法が開発されたことで、1つの芽から好きなだけたくさんの幼植物が得られるようになった。数年かかってようやく2株になる、という通常の増殖方法からは思いもよらぬスピードで、優れた洋ランがつくれるようになったのだ。これによって、鑑賞価値の高いランが大量に出回るようになり、値段も劇的に廉価になり、われわれ庶民にも手の届く植物になったのである。

（天野　誠）

カトレア

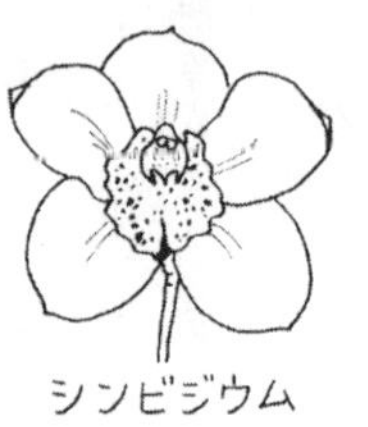
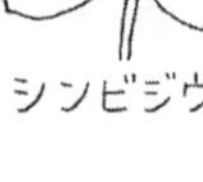
シンビジウム

デンドロビウム

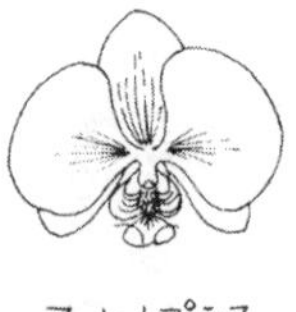
ファレノプシス

品種改良の一大精華——これがアサガオ？

品種改良で「大きく咲かせる」か、「変り種」を楽しむ

幕末の日本に「プラント・ハンター」と呼ばれる園芸植物の収集家たちがイギリスからやって来た。その一人、フォーチュンは、当時の庶民が軒並み植木を栽培しているのを見て感心したそうだ。江戸時代の後期にも、今とは違ったかたちだが、やはり「園芸ブーム」があったといわれる。

日本の古典植物の園芸に関しては、さまざまな特徴があるが、とくに注目すべきことは二つだろう。一つは、たった1種の植物の変異を偏執狂的に集めること。もう一つは、「きれい」より「珍しい」ことにより価値を置くことだ。その象徴が「番付」で、いかに丈夫できれいでも、個体数の多い品種は番付（ランク）が低い。逆に、最上位にランクしているのは、入手が困難な珍しい栽培品種だ。

その当時爆発的なブームを呼んだ植物としては、現在も比較的盛んに栽培されているオモトやイワヒバのほか、ヤブコウジやマツバラン、今ではブームは絶えてしまったが、タンポポ、オオバコなどが挙げられる。

では、お馴染みのアサガオはどうだろう。アサガオに関しても、主に「美しさ」と「珍しさ」を追求する二つの品種改良の方向が生まれてきた。

一つは「どれだけ大輪の花を整ったかたちで咲かせるか」を重視して改良した「大輪アサガオ」である。この種のコンクールは現在も盛んに行われている。種子も大手の園芸会社から入手できるし、栽培方法の解説書も多く出ているようだ。もう一つの流れが、「変化アリガオ」で、その改良の歴史を見ると、何回かのブームと衰退期を繰り返している。ブームのときに発見された変異は、衰退期にわずかなマニアの手で細々と維持される程度で、ときに絶えてしまうことも少なくなかった。今となっては真偽のほどはわからないが、江戸時代の多色刷りの園芸本には、珍しい「黄色のアサガオ」があったと記録されている。

「変化アサガオ」の最高傑作は牡丹咲き

写真で紹介したのは、もっとも奇妙なかたちをしたものの一つ、「采咲牡丹（さいざきぼたん）」という系統の栽培品種である。花冠が細かく切れ込んでいて、しかもその数が多い。ひと目でアサガオであるとは到底信じにくいが、同じ親から生まれた兄弟にはれっきとした普通のアサガオも混じっているので、まぎれもなくアサガオの栽培品種であることがわかる。この采咲牡丹系統のアサガオは、変化アサガオの中でも特に珍重されている。

ここで、メンデルの遺伝の法則のひとつである顕性の法則を思い出してほしい。この法則は、「純系を交雑すると、親のどちらかの形質が表に出て、もうひとつの形質が隠されてしまう」というものである。このとき、形質が現れるほうを顕性、隠されてしまうほうを潜性と呼ぶ。潜性の遺伝子は、二つ揃わないと形質になって

▲柳という名前の遺伝子が入った「青渦柳葉江戸紫采咲牡丹」©sakuraki / PIXTA

発現しないのが特徴だ。

少しややこしい話になるが、多くの変化アサガオの対立遺伝子は潜性なので、ヘテロなら顕性である普通のアサガオの対立遺伝子が表に出る。だが「采咲牡丹」の場合、采咲きの遺伝子と牡丹咲きの遺伝子は両方とも潜性。二重の潜勢ホモの個体なのだ。しかも牡丹咲きの個体は自ら種子をつくることができず、兄弟である采咲きの遺伝子だけが発現した個体から種子を取ることになる。両方の遺伝子ともヘテロの親からは、采咲牡丹が出る確率はわずかに16分の1、苗のときからわかる采咲きのものを残しても、確率は4分の1しかない。しかも、残りの個体のうち4分の1は、牡丹咲きの遺伝子が残らない。つまり、4分の3の采咲きの遺伝子をもち、「牡丹咲き」の遺伝子をヘテロにもった個体から種子を残さないと、牡丹咲きの遺伝子が抜けてしまうのだ。ここに変化アサガオを育てる妙味と難しさがある。

観賞価値のある個体を「出物」というが、変化アサガオの出物は、いくつもの潜性遺伝子が組み合わさったうえでのもの。これは出現する確率も低く、それが出る系統の維持も難しい。出物の美は、ひと夏限りの「はなかいもの」なのである。

(天野　誠)

口にすると危ない、身近な毒草

きれいな花には「毒」がある?

「ジャガイモの芽を食べるな!」といわれたことはないだろうか? ジャガイモの芋本体には毒はないのだが、芽には「ソラニン」と呼ばれるステロイド系のアルカロイドが含まれている。これが人間にとって有害だからだ。

このほか熱帯で栽培されるマメの中には、生で食べられないものがある。ただし、日本国内に限っていえば、いま普通に栽培されている野菜の中で「毒」をもつ可能性があるものは、ジャガイモのほかには思いあたらない。

だが、観賞用の園芸植物の中にはいくつか気になるものがある。よく目にする植物で、毒性が強いのはキョウチクトウ。夏の間、絶えず桃色や白色の花を咲かせ続け、都市部では並木や緑化樹としてごく普通に栽培されている。キョウチクトウは、樹皮にはオレアンドリンなど、強心作用のあるアルカロイドが含まれていて、口にすると危険なのだ。

春の花壇の主役の一つ、スイセンの球根にも、リコリンをはじめとするアルカロイドが含まれている。それらはヒガンバナと同様の有毒成分で、もし食べれば吐き戻すことになるだろう。戦後の食料の乏しい時代に、チューリップを煮て食べていたことがあったそうだが、誤ってスイセンの球根を混ぜてしまい、食べた人がすべて吐き戻してしまうという事件があったそうだ。

初夏の花壇で人気のスズランも、強心作用のあるコンバラトキシンなどのアルカロイドを含んだ植物である。家畜もそのことをよく知っていて、畑のように一面に食べ残されたスズランが生えているところがあるのもそのためだろう。

毒と薬は紙一重

英国風に庭に植物を植えて花を楽しむイングリッシュ・ガーデンが日本でもブームである。その初夏を彩るジギタリス（キツネノテブクロ）にも、やはりジギトキシンという強心作用のあるアルカロイドが含まれているのだが……。実はこれには、ちょっとした有名な逸話がある。

ところはイギリス。ある医者が心臓が弱り、歩けなくなった老婆を診察して「これは治しようがない」とさじを投げてしまった。だがその後しばらく経ってふと外を見てみると、なんとその老婆が一人で歩いているではないか！

医者は驚いた。「どうやって、そんなに劇的に回復したのか」と聞いてみると、老婆はこう答えた。

「ジギタリスを飲んだんです」

民間薬としては、以前から使われていたジギタリスだが、正式な医薬として組み込まれたのは、この瞬間だったとか。毒は容量と適応さえ誤らなければ、一転、良薬にもなるのである。

（天野　誠）

山師に鉱脈を教える植物

重金属に耐えるヘビノネゴザ

昔、鉱山を見つける人を山師と呼んだ。当たりはずれの多い仕事なので、うさんくさい人間の代表として使われることもあるが、人知れず深山を一人で歩き回るたいへんな職業である。どのように有望な鉱脈を見つけるかは営業上の秘密であり、謎めいている。多くの場合、現地を歩き、それぞれの鉱物に特有な露頭の形状や岩石の変色など、地学的な知識を駆使するのであろう。有望な場所を探したら、サンプルを採集して成分を分析する。最近は、資源探査衛星を用いて、大地の地形の特徴から有望な鉱区を絞り込む方法や、特定の波長の電磁波でスキャンして鉱物資源を探査する方法も取られている。

ところで、植物を利用して鉱脈を見つける方法があるのをご存知だろうか。植物の中にも山師を手助けするものがあるのである。古くから知られているのは、重金属に耐性のある植物が集中して生えている場所を見つける方法だ。重金属は、人間にとって毒であるように、多くの植物にとっても毒である。ところが、ごく限られた植物の中には、重金属を吸収しない、あるいは不活性化して蓄積するなどの方法で、劣悪な環境に育つことができるものが存在する。

そのひとつが、ヘビノネゴザというシダの一種だ。別名をカナヤマシダといい、昔から鉱山探査の目的で使われてきた。山師たちは科学的に解明される前から、こうした指標植物を技術のひとつとして取り入れていたのである。

ヤブムラサキから金が採取できる!?

特定の植物を採集し、それをサンプルにして成分を分析し、有望な鉱区を探る方法もある。ある種の植物は、特定の微量元素を含有する金属を体内に蓄積する傾向がある。植物は水分とともに吸収した物質を排泄することができないため、最終的に葉に蓄積する。つまり、水に溶けた金属が、植物の体内に濃縮されるのである。その濃度は決して高くはないが、土壌における金属の濃度に対応して増加する。

では、もっとも高価な金属のひとつである金を蓄積する植物はないのだろうか。いろいろ調べてみた結果、一番有望だったのが、ヤブムラサキというシソ科の植物である。ヤブムラサキは、山野に普通に生えている植物で、ムラサキシキブに似ているが、毛深く花の数が少ない。

さて、ヤブムラサキを使って金を探す方法はというと、地形から判断して有望な鉱区を絞り込み、現地を歩いて、ヤブムラサキを採集してくる。研究室に戻って、それを燃やして灰にし、お目当ての金の含有量を調べる。近くに鉱脈があれば、土壌での金の濃度が高いので、ヤブムラサキに含まれる金の濃度も高くなる。それで、その近くに有望な鉱脈があることがわかる。

では、ヤブムラサキから直接金が取れないかと考える人があるかもしれないが、残念ながら濃度が低すぎて採算が合わない。何のために、どのようにしてヤブムラサキが金を蓄積するのかは不明だが、何とも夢のある話ではないだろうか。

（天野　誠）

「美しいが嫌われ者」から「美しくて役に立つ植物」へ

二つの顔ー鑑賞用の顔、嫌われ者の顔

ブラジルの広大なアマゾン川のほとりでホテイアオイを見たときは、「ここがふるさと、本当の姿か」と感慨に浸ったことを憶えている。なぜなら、南アメリカを原産とするこの水草は、現在ではほぼ世界中の熱帯の水辺に外来種として入り込んでおり、著者もこれまで、タイ、ミャンマー、バヌアツ、日本など、至る所で目にしてきたからだ。一方で、近所のホームセンターでは、水槽でメダカと共存させるのに適した水草として販売されており、かたちも面白く、きれいな花を咲かせるなど、いくつかの異なる顔をもっている。

一つ目の顔は、鑑賞用植物としての顔である。花はうす紫色で花弁の一つに黄色の斑紋があり、これが水に浮いているさまはじつに美しい。水面に浮かぶために発

達した、布袋様のお腹のようなぷっくりとした葉柄もかわいらしい。日本に帰化したのも、1884年にアメリカへ旅行した日本人が鑑賞用に持ち帰ったことがきっかけであり、これだけなら、愛されるべき植物だっただろう。

しかし、二つ目は、嫌われ者の顔である。世界三大害草のひとつとされ、アメリカでは「青い悪魔」とさえ呼ばれている。繁殖力が非常に強いため、各地の水域に広がり、短期間に水面を覆い尽くして、在来の水草の生育を脅かしたり、船の航行を妨げ、水門を塞いだり、冬に枯れたあとに腐敗して、水質を悪化させたり悪臭を出したりするためである。世界の至るところでこのような問題が発生し、その対策を検討している中で、三つ目の顔が模索されている。つまり、何かの役に立つ、将来につながる顔である。

害草から一転、三つ目の顔とは

実際に、これまでに、さまざまな利用方法が世界中で検討されてきた。筆頭は、水質浄化である。

ホテイアオイは、増殖速度がとても速く、水中からの窒素やリンを除去する速度が非常に高いため、その能力を使って、過剰な窒素やリンによって進んだ水質汚濁を緩和できないか、という考え方である。ホテイアオイは、水底には根を張らず、水中に根をたなびかせるだけの浮遊性水草であるため、水域への導入・除去が容易であることも見逃せない。窒素などを吸収させたあとは、枯れる前に植物体を除去しなければ、再び水質が悪化してしまうからである。また、窒素などは微生物によって硝酸塩などに変えられなければ吸収できないが、ホテイアオイの発達した根毛は、微生物の住処としても役立っていると考えられている。

　ホテイアオイが水質浄化に適していることは間違いなく、水質浄化の救世主のようにも思えるのだが、世界各地でホテイアオイによる水質浄化が進んでいるという状況には残念ながらなっていないようだ。その理由には、多くの地域では外来種にあたるため、導入や管理には逸出を防ぐ必要があり、回収しやすい性質があるとはいえ、やはりその回収・処分には多大なコストがかかるなど、問題が多いからかもしれない。今後の効率化、システム作りに期待したいが、一方で近年では、二酸化炭素濃度の上昇による気候変動への対策という、一見すると関係のなさそうな問題から、別の顔が見えてくる。

気候変動対策には、二酸化炭素濃度を下げることが最重要課題となるが、考えてみれば植物は二酸化炭素を吸収して成長する生物である。ホテイアオイの高い繁殖力は、高い二酸化炭素吸収力を表している。もちろん、二酸化炭素を吸収して成長したホテイアオイをそのままにしては、また大気に戻るだけだが、逆に言えば、長期間利用する「物品」とすれば、その効果は持続されることになる。

某有名家具インテリア店で販売されているのは、ホテイアオイのバスケットである。東南アジアで外来種として繁茂しているホテイアオイを加工し、販売しているのだ。これは、水質浄化、外来種問題、二酸化炭素濃度抑制、など複数の問題に同時に対処できる要素をもっている。この企業以外からも、様々なホテイアオイグッズが見つけられるようになってきた。ホテイアオイの面目を躍如する、第三の顔が見えてきたような気がする。

（田中法生）

▲ホテイアオイの群落（ブラジル・アマゾン川）

▲ホテイアオイの花

埋土種子(まいど)は遺伝子の貯蔵庫

造成で目覚めたガシャモク

ガシャモクは、ヒルムシロ科に属する沈水性の水草である。かつては、利根川水系、琵琶湖、九州北部などに分布し、戦前の手賀沼（千葉県）では、肥料として使われるほどたくさん生育していたという。ところが30年ほど前から、水質の悪化や埋め立てで、次々と姿を消してしまい、環境省のレッドリストでも、もっとも絶滅の危険度が高い、絶滅危惧ＩＡ類に位置付けられている。

風前の灯火のようなガシャモクに、希望の光が見えたのは、手賀沼付近で起きたある出来事であった。１９９７年に沼の近くを掘削してできた池に、翌年何種類か

の水草とともに、ガシャモクが現れたのだ。この土地は、数十年前に手賀沼を干拓した場所で、土の中にずっと眠っていた種子（埋土種子）が、造成をきっかけにして発芽したのである。絶滅寸前の種であったので、大きなニュースとなった。

埋土種子とは、土壌中で生存したまま休眠している種子のこと。その生存期間は、種や土壌環境によって大きく変わるが、長いものとしてはハスが有名である。大賀一郎博士が2000年前の泥炭層から種子を発見し、発芽に成功したものは、「大賀ハス」として現在も栽培されている。ハスの種子は非常に硬い果皮をもち、生存期間が特に長い例ではあるが、他の植物でも数十年というレベルで生きているものがある。

保全にも有効な埋土種子

この埋土種子は、その種を確実に残すための植物自身の特性のひとつだが、その地域に生育していた種の遺伝子をそのまま保持している。そのため、種の保全を行ううえで有効な材料となる。特に、ガシャモクのように現存する個体が非常に少ない種では、それを株分けなどの栄養繁殖によって増殖した場合、遺伝子が均一化して逆に絶滅しやすくなる恐れがある。そのため、繁茂していた時代の埋土種子を利用することは、遺伝的多様性を獲得するうえで有効な保全手段であると考えられる。実際に、我々の研究グループが調べたところ、現存するガシャモクの集団（福岡県、中国エルハイ）と、手賀沼付近で埋土種子から発芽した集団の遺伝的な多様度を比較したところ、後者のほうが高いことがわかった。

しかし、これまで実際に埋土種子が、植物種の再生に利用されることはほとんどなかった。採取できる場所が特定できない、土壌中からの種子の採取が困難である、埋土種子と現在の植生とが必ずしも一致しないなどがその原因であろう。だが、ガシャモクに関しては、造成池での出現や過去の手賀沼での分布の情報などがあるため、実践的に保全へ利用できると考えられる。実際に、手賀沼付近で堆積土壌を調査した結果、さまざまな植物の種子が採取された。そのなかには、過去に手賀沼で記録されている稀少な水草も含まれていた。将来的には、水辺植生全体の復元も夢ではないだろう。

埋土種子を利用した保全には、多くの課題も残されている。しかし、明らかに人間の活動が原因で減少した植物を守り、復活させるには、植物の遺伝子貯蔵庫である埋土種子を使わせてもらうことが、重要な手段のひとつとなることは確かである。

（田中法生）

●図版について
牧野富太郎『原色牧野日本植物図鑑』北隆館
大滝末男・石土　忠『日本水生植物図鑑』北隆館
北村四郎他『原色日本植物図鑑草木編１～３』保育社
河野昭一監修『植物の世界―ナチュラルヒストリーへの招待　第２号』教育社
アッテンボロー・デービッド著・門田裕一監訳『植物の私生活』山と溪谷社

主な参考文献

●内容について
池田　博（1994）複雑な花とハチとの関係．朝日週間百科「植物の世界」2：70. 朝日新聞社 .
鈴木和雄・福田陽子（1999）花形態の多様化と送粉者ーマルハナバチとマルハナバチ媒花との形態的対応．生物の科学　遺伝，No53 , 21-26
郡場　寛（1951）『植物の形態』岩波書店
小倉　謙（1962）『植物解剖および形態学』養賢堂
熊沢正夫（1979）『植物器官学』裳華房
原　襄（1981）『植物のかたち　茎・葉・根・花』培風館
原　襄（1984）『植物の形態（増訂版）』裳華房
原　襄（1994）『植物形態学』朝倉書店
原　襄・福田泰二・西野栄正（1986）『植物観察入門［花・茎・葉・根］』培風館
本田正次監修・山崎　敬編集（1981,1982,1984）『現代生物学大系$7a_2$,7b,7c 高等植物 A_2,B,C』中山書店
大場秀章編著（2009）『植物分類表』アボック社
戸部　博（1994）『植物自然史』朝倉書店
高橋正道（2006）『被子植物の起源と初期進化』北海道大学出版会
酒井聡樹・高田壮則・近　雅博（1999）『生き物の進化ゲーム』共立出版
鳴橋直弘編（2017）『ヘビイチゴを調べる』認定特定非営利法人大坂自然史センター
酒井　昭（1995）『植物の分布と環境適応　熱帯から極地・砂漠へ』朝倉書店
酒井　昭・吉田静夫（1983）『植物と低温』東京大学出版会
柴岡孝雄（1981）『動く植物』東京大学出版会
井上　健編（1996）『植物の生き残り作戦』平凡社
中西弘樹（1990）『海流の贈り物　漂着物の生態学』平凡社
西澤一俊（1989）『海藻学入門』講談社
横浜康継（1985）『海の中の森の生態　海藻の世界をさぐる』講談社
横浜康継（2001）『海の森の物語 < 新潮選書 >』新潮社
田中次郎・中村庸夫（2004）『日本の海藻 基本284』平凡社
小川　真（1983）『きのこの自然誌』築地書館
羽根田弥太（1985）『発光生物』恒星社厚生閣
岩槻邦男・大場秀章・清水建美・堀田　満・Ghillean T.Prance・Peter H.Raven 監修（1994-1997）週刊朝日百科　植物の世界（1-145）、朝日新聞社
椿　啓介監修（1997）週刊朝日百科　キノコの世界（菌界1-5）、朝日新聞社
大場秀章監修・清水晶子著（2004）『絵でわかる植物の世界』講談社サイエンティフィク

さくいん

※名称の後ろに括弧がある植物は、括弧内のトピックの一例として紹介されていることを示します。

ワ

レ

ロ

本書は二〇〇一年発行の『おもしろくてためになる植物の雑学事典』（日本実業出版社）を加筆修正のうえ、文庫化したものです。

カバー写真　大作晃一
本文イラスト　山口ヒロフミ
情報協力　中澤幸博士（p.209 砂漠の中のお花畑ーロマスの植物）

カバーデザイン　美柑和俊（MIKAN-DESIGN）
本文フォーマットデザイン　岡本一宣デザイン事務所
本文ＤＴＰ　株式会社千秋社
文庫版編集　井澤健輔（山と溪谷社）

植物のプロが伝える　おもしろくてためになる

植物観察の事典

二〇二四年三月五日　初版第一刷発行

監　修　大場秀章
発行人　川崎深雪
発行所　株式会社　山と溪谷社
郵便番号　一〇一－〇〇五一
東京都千代田区神田神保町一丁目一〇五番地
https://www.yamakei.co.jp/

■乱丁・落丁、及び内容に関するお問合せ先
山と溪谷社自動応答サービス　電話〇三－六七四四－一九〇〇
受付時間／十一時～十六時（土日、祝日を除く）
メールもご利用ください。【乱丁・落丁】service@yamakei.co.jp
【内容】info@yamakei.co.jp

■書店・取次様からのご注文先
山と溪谷社受注センター　電話〇四八－四五八－三四五五
ファクス〇四八－四二一－〇五一三

■書店・取次様からのご注文以外のお問合せ先 eigyo@yamakei.co.jp

印刷・製本　大日本印刷株式会社

Printed in Japan ISBN 978-4-635-04985-6